U0166786

本书内容为国家社会科学基金：基于多源大数据事件融合特征预训练的网络舆
情预测研究（NO. 22BTQ048）的阶段性研究成果。

多源大数据背景下的机器学习技术应用研究

王　楠／著

吉林大学出版社

·长春·

图书在版编目（CIP）数据

多源大数据背景下的机器学习技术应用研究 / 王楠
著. -- 长春：吉林大学出版社, 2023.10
ISBN 978-7-5768-2561-9

Ⅰ.①多… Ⅱ.①王… Ⅲ.①机器学习—研究 Ⅳ.
①TP181

中国国家版本馆CIP数据核字(2023)第221564号

书　　名：多源大数据背景下的机器学习技术应用研究
DUOYUAN DASHUJU BEIJING XIA DE JIQI XUEXI JISHU YINGYONG YANJIU

作　者：王　楠
策划编辑：黄国彬
责任编辑：陈　曦
责任校对：单海霞
装帧设计：刘　丹
出版发行：吉林大学出版社
社　　址：长春市人民大街4059号
邮政编码：130021
发行电话：0431-89580028/29/21
网　　址：http://www.jlup.com.cn
电子邮箱：jldxcbs@sina.com
印　　刷：天津鑫恒彩印刷有限公司
开　　本：787mm×1092mm　　1/16
印　　张：13.25
字　　数：230千字
版　　次：2024年3月　　第1版
印　　次：2024年3月　　第1次
书　　号：ISBN 978-7-5768-2561-9
定　　价：88.00元

前　　言

　　机器学习是一门多学科交叉的技术，目标是使用计算机作为工具模拟人类的学习方式。随着大数据时代各行业对数据分析需求的持续增加，通过机器学习高效地获取知识，已逐渐成为当今机器学习技术发展的主要推动力。在大数据时代，随着数据产生速度的持续加快，数据的体量有了前所未有的增长，而需要分析的新的数据种类也在不断涌现，对机器学习，特别是深度学习技术，也提出了更高的应用要求。笔者近几年致力于机器学习技术在不同领域的应用研究，如基于企业流程行为大数据的半监督聚类关键技术研究、基于多源大数据的网络舆情相关研究等。网络舆情研究呈现多学科交叉、多视角融合的趋势，各个主题的研究贯穿于整个舆情事件生命周期，支撑舆情理论与实证研究体系的发展。本书基于作者近年来的研究成果，重点研究新媒体背景下，机器学习技术在网络舆情预测中的应用，并根据研究结果提出相关舆情应对策略。除此之外，本书还基于机器学习技术对舆情事件中网民情绪和行为对舆情演化及各类舆情现象产生的深层影响进行剖析，辅助政府对潜在不安因素进行及时管控和干预，实现舆情的正确引导。同时，借助情感分析、主题词提取等机器学习技术，研究多平台、多视角下政务新媒体在舆情传播过程中的影响，为政府充分发挥政务新媒体的传播力优势引导舆情走向提供新思路、新方法。

王　楠

2023年8月

目　录

第一部分

概　　述

第1章 绪 论

从传统的社会学理论上讲，舆情本身是民意理论中的一个概念，它是民意的一种综合反映。[1]我国早在唐朝时期就有"舆情"的概念，作为在封建时期就出现的统治思想，舆情随着时代的变化与发展，重要性并没有因此而淡去。在社会化进程加速作用下，舆情成为当代民众表达自身态度、观点、诉求的重要途径。随着互联网技术与现代通信技术的发展，社交平台数量呈井喷式增长，网民也逐渐活跃在各大社交平台上，比如微博、微信、小红书、知乎和今日头条等新闻媒体端，中国互联网信息中心发布的《第45次CNNIC中国互联网报告》中指出，截至2020年3月，我国网民规模为8.97亿，较2018年增长7 508万人，互联网普及率达64.5%，较2018年底提升0.7个百分点。[2]过去，民众表达自身观点只能通过传统媒介如报纸电话等来了解事情并表达自己的观点，而现在从口耳相传变为在网络空间中畅所欲言，不受地域、语言的限制。由此，舆情在网络时代被赋予了新的表现形式，即网络舆情。网络舆情以网络为载体，以事件为核心，是广大网民情感、态度、意见、观点的表达、传播与互动，以及后续影响力的集合。①网络的开放性和虚拟性使得大众可以自由地通过多样化的信息传播载体直接发表言论、表达情绪，一旦缺乏自律或者被误导，舆论场就会呈现出与理性声音不一致的差异性声音，如果不能及时监测和正确引导，会产生巨大负面社会影响，甚至对政治稳定和社会和谐造成严重威

---

① 网络舆情［EB/OL］．（2021-12-3）［2023-5-3］．https://baike.baidu.com/item/网络舆情/687584?fr=aladdin.

胁。2021年第十三届全国人大四次会议表决通过《中华人民共和国国民经济和社会发展第十四个五年规划和2035年远景目标纲要》，明确指出了网络舆情治理等涉网络空间活动是网络安全能力支撑的重要内容，舆情治理是我国政府治理中最为紧迫且需要长期面对的重要课题，而各种技术手段则是网络舆情治理方案有效落实的关键基础。

1.1　网络舆情相关研究

舆情的研究开始于西方国家，主要是公众情绪的表达[3]，指向的是公众对社会现实在不同阶段的第一主观态度与情感倾向，且此态度观点尚处于交锋融合阶段，并未形成合力。[4]西方国家的舆情概念侧重于选调和民意，且大多都围绕多党政治和竞选运动来阐述舆论手段和民意测验的功能。例如，Arnesen等人[5]研究了民意调查对民意的影响；Babac等人[6]研究了社交媒体在大选运动中是如何激活和推动公众舆论及如何在社交媒体上实施不同的竞选策略来影响公民的意见。国内早期的网络舆情研究来自学者谭伟[7]，他论述了网络舆情的基本概念与相关特征，后续王来华的《"舆情"问题研究论略》[8]开启了国内对网络舆情的研究热潮。随着研究的不断深入、网络社交媒体的普及、大数据技术的高速发展，网络舆情的演变载体、演化趋势和预警方式等都有了不同程度的改变，比如，演变载体从较早的贴吧、人人网，到现在的抖音、微博、知乎等新一代的社交媒体，演化趋势与预警机制都对舆情治理部门提出了更高的要求。在新时代社交媒体背景下，王兰成[9]、夏火松[10]、李纲[11]、付业勤[12]等学者对网络舆情的演化、舆情的治理与决策、预警机制展开了新的研究。

从目前的研究现状来看，可以将网络舆情研究大致分为四个主题：影响因素、传播阶段与路径、技术研究、治理策略。

1. 影响因素

舆情所涉及的群体、民众的态度、情感变化是舆情的主体因素。Kim[13]

认为网络中海量的舆情信息会影响网民的态度，网民对舆情事件的态度并不是一成不变的，其随着接触到的信息而不断变化。Pawel等人[14]研究发现，网民的观点、态度、意见以及评价在整个突发事件网络舆情中的爆发阶段到平息阶段的相互联系紧密。基于沉默的螺旋效应，大多数网民的情绪、看法、意见反过来会进一步增强，如此循环往复最终形成高度一致的意见流，并进一步发展成群体性趋势的网络舆情。随着社交媒体的丰富，影响网络舆情的因素也变得日益复杂。孙倬[15]认为网络舆情的影响因素可以归纳为网络媒介环境、社会结构压力、网民心理、触发性事件、有效动员和社会控制力量六个方面，网络媒介环境为网络舆情的传播提供了技术硬环境，社会结构压力为网络舆情传播提供了社会软环境。[16]在当下的网络媒介环境中，信息的传播不再受制于空间与时间，网民掌握了更多的话语权，信息的传播由单点传播向多边式传播转变，而触发性事件、有效动员和社会控制力量是网络舆情演化过程的重要社会性外部因素。赵宬斐[17]认为社会结构性压力造成情绪累计，从而推动整个舆情的发展与爆发。

2. 传播阶段与路径

网络舆情的传播路径由舆情环境、舆情信息、舆情要素三部分构成[18]，是这三个部分互相作用与影响的过程，在这个过程中就形成了不同的舆情传播阶段。学者基于事件的演化，通过不同的原则，将舆情划分为不同的阶段，目前主流的舆情传播阶段有三段式、四段式、五段式及更多阶段的模型：三段式模型将舆情简单划分为发生、变化、结束；四段式模型根据互联网特性，将舆情划分为形成期、爆发期、缓解期、平和期；五阶段模型与其他更多阶段模型则更加充分考虑了不同舆情事件的特性、复杂度，将舆情阶段划分得更为具体。舆情信息传播层面上，学者多是基于经典的信息传播模型，对危机治理相关的网络舆情传播模式进行研究。Liu[19]认为，在社交媒体环境中，主题内容变化及舆情传播主体关系如何变化，均不影响危机传播理论是网络舆情研究的最基本理论的地位。有学者通过研究网络舆情的传播模式发现网络各节点间是互动关系，这有利于发现信息传播的演变规律。拉扎斯菲尔德等人[20]的二级传播理论认为意见领袖在社交网络中担任中介人的角色，他对舆论引导与控制有着举足轻重的作用。Nikolay[21]认为在网络舆情的传播过程中，信息的来源对舆情的发展及传播有着决定性的作用，其强调信息源的重要性。Omar Lizardo[22]基于传播理论模型验证了网络的结构特征和节点的个体特征与社交网络中舆情的传播两者之间的依赖关系。

3. 技术研究

舆情分析技术离不开对数据的分析，舆情信息就是由海量的图片、文字、视频所组成的非结构化数据。随着科技的发展，舆情信息呈现大数据特点，为舆情的科学预测与研判提供了依据和可能。Pinto等人[23]汇总网络舆情信息，以Hawkes为框架搭建了一个社交网络中舆情影响力分析模型。Mete等人[24]基于文献计量法统计了某些书刊以及新闻报道中用户、国家与作者三类对象之间的资源划分情况，研究发现三者之间在网络舆情演化方面存在着互相兼容、相互联系的纽带关系。John W.Cheng[25]采用结构方程模型，研究了2011年的日本地震中社交媒体对民众的影响。Kyungmo Kim[26]运用社会网络分析（SNA）方法研究探讨了新闻、舆情的传播机制中相互作用和影响各机构内部的意识形态框架。国内学者对网络舆情中的技术研究主要集中在舆情预警与预测、主题发现、情感分析等领域。舆情预警是通过一些技术来监测与收集网络中的海量信息，并通过对数据的分析对舆情展开一个定级，定级就需要构建预警指标，然后以此展开后续的治理。主题发现涉及舆情话题的追踪与主题提取等技术，美国的TDT（topic detection and tracking）系统[27]是具有代表性的一项技术，该系统对海量的互联网信息进行实时监测，然后采用数据挖掘技术对信息进行采集，并针对不同的信息形成不同的信息集，这些信息集通过算法模型将其与以往的话题进行相似性分析并将其合并，随后若有相似的主题将归并其中，而相似性低但关注度较大的主题被视为新的主题发现。情感分析也称为意见挖掘[28]，是指对一个自然语言文本进行分析，判断其情感倾向属于正向言论或是负向言论。在网络舆情中的应用，应用领域主要集中在微博、Twitter（推特）上等国内外知名的社交平台上。微博中，主要是基于某一个特定事件，针对网民的评论来挖掘其情感倾向，从而判断整个舆情的走向。金占勇等人[29]基于长短时记忆网络模型对"盐城龙卷风事件""茂县山体滑坡灾害事件"与"徐州幼儿园爆炸事件"进行情感识别。蒋知义等人[30]以"罗一笑事件"为例，根据情感倾向划分舆情演化阶段。田千金等人[31]以"中泰垃圾焚烧厂事件"为例，基于情感算法研究网民对事件的情感倾向与强度，对舆情演化进行了研究。

4. 治理策略

网络舆情的治理体现在舆情演化的起始、爆发、衰退、平息整个生命周期中。Towse[32]认为信息反馈是信息传播中不可或缺的媒介，信息间的线性传递以及节点间的交流互通对于舆情的治理起到非常重要的作用。Medaglia[33]基于公众审议的理论视角研究政府管理下的社交媒体用户之间的互动态度和认知行为，结果发现政府运营社交媒体的能力有所欠缺。国内对于网络舆情的治理策略主要是从网民个体、社会组织、政府治理三个角度展开研究。网民个体在网络舆情中扮演着传播者与接受者的双重身份，网民个体的治理难度较大，追踪难，把控好民众的舆论能够有效制止舆情的恶性发展；社会组织主要是包括一些自媒体及官方媒体，这类媒体通常扮演着意见领袖的角色，因此它们的话语权一定要谨慎为之；最后，政府作为舆情治理剩余风险的终极承担者，要及时辟谣，第一时间发布官方通报来稳定民众的怨声，其对内要坚持以人民为中心，对外要用实际行动展示中国实力与政府决心。[34]

从以上综述可以看出，网络舆情研究呈现多学科交叉、多视角融合的趋势，各个主题的研究贯穿于整个舆情事件的生命周期，支撑舆情理论与实证研究体系的发展。

网络舆情预测可以为舆情预警提供方法基础，精准掌握舆情事件的演化动态，以便及时调整舆论导向，准确做出应对策略。本书重点研究网络舆情预测及舆情应对策略。对于网络舆情预测研究，经过大量文献总结后，本书将目前学术界关于该问题的研究分为舆情演化趋势和舆情现象识别两个角度，相关研究体系如图1.1所示。

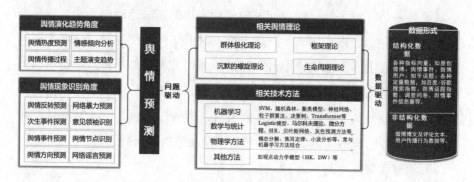

图1.1 舆情预测研究体系

图1.1中的相关研究内容代表性文献总结如下：

（1）舆情演化趋势角度。①舆情热度预测[35-37]；②情感倾向分析[38,39]；③舆情传播过程分析[40]；④主题演变趋势预测[41]。

（2）舆情现象识别角度。从各类舆情现象识别的角度出发进行网络舆情预测的研究主要包括：①舆情反转预测[42]；②网络暴力事件预测[43]；③次生衍生事件探测[44]；④意见领袖识别[45-47]；⑤舆情事件预测[48]；⑥舆情关键节点识别[49]；⑦舆情转变方向预测[50]；⑧网络谣言预测[51-53]。

以舆情反转预测任务为例，两个角度分别为：①舆情事件反转演化趋势预测。该方法主要是根据信息量变量（以发文量、转发量等客观数据为主），基于微分方程构建网络舆情反转机理模型，通过预测网络舆情演化趋势达到包括反转点识别在内的反转预测。[54]这种方法更加侧重于反转舆情事件在整个生命周期内的演化机理和演化趋势分析，模型中使用的信息量变量不能体现反转舆情的差异性，不足以作为关键特征进行反转舆情的预测。②舆情反转事件识别。该方法基于学者们对舆情反转影响因素和指标的研究，设计事件特征集，并构建机器学习模型识别反转事件类型[55,99]或预测事件反转倾向[93,106,118]。

本书分别从以上两个角度展开，以期在理论和实证方面对网络舆情预测研究领域做出一定的补充和扩展；对于舆情应对策略研究，本书一方面将其贯穿于网络舆情预测的两个角度研究过程中，进行有针对性的讨论；另一方面以政务媒体平台为研究对象，从政府对舆情传播的影响力视角进行综合性探讨。

1.2　本书研究内容及章节安排

本书基于作者近年来的研究成果，重点研究新媒体背景下基于机器学习的网络舆情预测和相关舆情应对策略，主要研究目标为：① 预测各类网络舆情现象的发生，以便为各级政府的网络舆情预警机制提供前期理论和方法基础；② 剖析舆情事件中网民情绪和行为对舆情演化及各类舆情现象产生的深层影响，辅助政府对潜在不安因素进行及时管控和干预，实现舆情的正确引导；③ 研究多平台、多视角下政务新媒体在舆情传播过程中的影响，为政府充分发挥政务新媒体的传播力优势、引导舆情走向提供新思路、新方法。围绕以上三个目标，本书具体章节安排如下。

第一部分：概述。

本部分主要对网络舆情的相关研究进行综述，并给出本书涉及的相关理论和技术的简要介绍，具体内容如下。

第1章，绪论。分别从影响因素、传播阶段与路径、技术研究、治理策略四个主题综述网络舆情相关研究，介绍本书的研究内容和章节安排，并给出本书的主要观点、研究方法以及研究贡献。

第2章，相关理论与技术概述。对多个章节共同涉及的理论和方法进行介绍，包括传播学中常用理论和方法，如生命周期理论、沉默的螺旋理论、社会网络分析法，以及机器学习中的相关方法，如SMOTE数据均衡算法、人工神经网络、集成学习等。

第二部分：基于舆情现象识别视角的网络舆情预测。

第3章，面向非均衡事件子集的舆情反转预测。

舆情反转事件的频频出现已经给公众、媒体和政府带来不同程度的负面影响，准确高效地预测出舆情事件是否会发生反转，对于防止舆论进一步恶化有重要现实意义。本章从网民、媒体和政府等几个方面提出35个事件特征，并利用特征相关系数矩阵选取与舆情事件发生反转相关性最大的重要特征展开详细分析。进一步地，基于反转点前的事件演化过程进行特征优化，并采用主题词提取、情感分析等技术对优化后的特征进行赋值依据分析。本章提出改进的KE-SMOTE算法对正负样本分布悬殊的事件集合进行均衡处理，保证样本的最优分布，基于均衡处理后的事件集构建以神经网络为基础的舆情反转预测集成分类模型。最后，从舆情反转类事件特征和舆情反转预测两个视角提出舆情反转类事件的应对策略。

第4章，网络暴力类舆情事件演化及预测。

各类影响较大的舆情现象经常在同一个热点事件中交织出现、互相影响，如舆情反转类的事件中就经常伴随发生网络暴力、次生衍生事件等舆情现象，对整个舆情演化过程产生非线性的影响。本章以另一个重要的舆情现象——网络暴力为研究对象，重点研究发生网络暴力的舆情事件的演化、预测及治理。具体内容如下：分析网络暴力事件的舆情演进阶段、演进要素及演化路径，为政府治理舆情提供理论依据；梳理2002年至今典型的网络暴力事件，抽取相关特性，针对不平衡事件数据子集，提出一种融合集成噪声识别与SMOTE算法的网络暴力事件预测模型；从网络暴力类舆情事件传播演化、网络暴力事件预测模型及宏观视角这几个维度提出具有针对性的网络暴力类舆情事件的防控与治理策略。

第三部分：政务媒体在网络舆情演化中的传播力与影响力研究。

前文从舆情现象识别角度进行舆情预测，可以辅助包括政府在内的相关单位通过各类媒体平台进行及时有效的舆情引导与管控。不同的媒体平台对于舆情的传播力和影响力是不同的，特别是当面向突发舆情事件、出现不良的舆情预警时，相比于传统的传播途径，政务媒体具有更强的传播力与影响力。因此，政府应充分发挥政务新媒体受众广和权威强的优势，在突发事件引起不良舆情时，使其能够在舆情治理中起到积极引导的作用。本部分主要从政务新媒体在舆情传播中的情感导向和政务宣传中的适宜度两个方面展开研究，具体内容包括：

第5章，政务新媒体在突发舆情事件中的情感传播与用户体验研究。

政府的情感导向及用户的情感表现与舆情事件的走势有着高度的关联，但是不同类型的政务媒体在同一平台或者同一类型的政务媒体在不同平台对同一事件的报道侧重点不同，导致情感传播特征与用户情感体验也不尽相同。本章以微博、抖音为研究平台，基于深度学习情感分析技术，通过从"同平台、不同政务媒体"与"跨平台、同一政务媒体"的"双维度"视角对政务媒体的情感传播特征及用户的情感体验展开研究，为提高政务媒体传播力提供新视角与新方法。

第6章，政务新媒体在舆情传播中存在的问题研究——以泛娱乐化现象为例。

本章对政务媒体泛娱乐化进行深层次的剖析，以消防类政务抖音为例，揭示造成泛娱乐化的核心原因，帮助政府更加有效地管理政务短视频账号；同时，提出一种基于决策树算法的政务抖音泛娱乐化识别模型，辅助政府部门管理自身账号运营并提供预警信息：当自身的发布内容有多个泛娱乐化的倾向时，可以及时发现问题，改善发布内容，提高政务媒体舆情传播的有效性。

最后，对全书进行总结和展望，并附上本书引用的全部参考文献。

本书研究框架如图1.2所示。

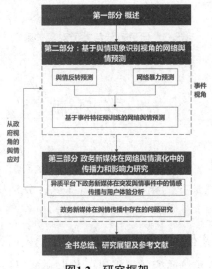

图1.2 研究框架

1.3 研究方法

本书是计算机科学、新闻学、传播学、管理学等学科相关理论和方法的交叉研究成果，多种研究方法贯穿所有部分的研究内容，具体对应关系如图1.3所示，其中，模型研究法主要指各种机器学习方法，在第二、三部分用于情感分析、主题词提取以及构建事件预训练模型、舆情预测模型、政务媒体泛娱乐化识别模型等。

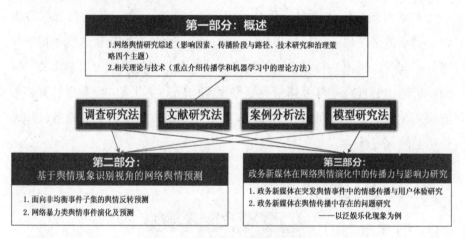

图1.3 研究方法与章节对应关系

1.4 本书贡献

1. 从研究视角上

本书对网络舆情演化的相关问题进行研究，分别从两个视角进行了具有一定创新性的研究。

（1）以事件为主体，从网络舆情现象识别角度研究舆情预测问题，为基于事件向量的舆情预测研究领域提供了数据和框架基础。

（2）以政府为主体，从政务媒体的影响力角度研究舆情传播问题，为提高政务媒体的传播力、发挥政务媒体对舆情的正向引导作用提供新策略。

2. 从研究方法上

本书在网络舆情大数据背景下，融合多学科的相关理论与技术，进行了一定的方法创新。

（1）整合舆情反转的各类影响因素，基于反转点前的事件演化过程构建了较为完整的事件特征集，提出基于事件样本均衡算法和神经网络集成学习的舆情反转预测模型。

（2）基于生命周期理论，构建网络暴力事件特有的舆情生命周期及舆情演化路径；提出将网络舆情与网络暴力视为一个转变的过程，进而构建网络暴力事件的相关指标体系，提出融合集成噪声识别与SMOTE算法的网络暴力事件预测模型。

（3）改进情感分析框架，并引入社会网络分析技术，研究不同类型政务媒体的情感传播特征及规律；基于政府与用户双视角下的跨平台政务媒体传播特征分析过程，提出政府的情感导向及用户的情感表现与舆情事件的走势之间的关联关系。

第2章　相关理论与技术概述

2.1　相关理论和概念

2.1.1　生命周期理论

"生命周期"一词最早起源于生物学领域，描述一个生命体从出生到消亡的过程中，在外部因素的刺激下，会发生生命特征、形态和功能的变化。生命周期理论基于这一概念，将一个事物从产生到消亡的过程视为一个完整的生命周期，在整个生命周期的循环中，依据事物表现出来的不同特性与价值形态，将该过程划分出不同的阶段，每个阶段中，基于事物表现出来的特性与价值给予针对性的管理措施。[56]

随着研究的不断融合与深入，生命周期这一概念被引入不同的领域中。商业领域最早出现"产品生命周期理论"，由美国哈佛大学教授雷蒙德·弗农首次提出，该理论认为一个新产品进入市场后会经历引入、成长、成熟和衰落四个阶段。[57]在后来的研究中，许多学者将其引入其他领域，如斯蒂芬·芬克首次将该理论引入危机管理中，提出了四阶段模型，即预兆期、发生期、影响期与愈合期[58]，这也是舆情生命周期阶段的雏形。在信息技术发展的背景下，美国信息学家霍顿（F.W.Horton）将信息视为具有生命周期的资源，在与另一位信息资源管理专家马尔香（D. A. Marchand）合著出版的*Infortrends: Profiting from your information resources*中[59]，将信息划分为四个阶段：产生、发展、成熟、消散，在不同的阶段，信息所具备的特性及价值都不相同，而对于个人或企业而言，不同的阶段采取不同的管理措施才可以使信息实现最大价值。

大数据时代下，网络空间充斥着海量的信息，网络舆情就是信息的汇集。因此，网络舆情也有其对应的生命周期，虽然不同类型的事件表现出不同的演化阶段特征，但是，总体演化规律和演化逻辑是相通的。关于网络舆情生命周期的研究，有许多种不同的舆情阶段划分方式，表2.1所示为不同的舆情阶段划分。

表2.1　网络舆情划分阶段

阶段模型	作者	划分阶段
三阶段模型	王来华[7]	产生、变化和发展
	陈海汉[60]	潜伏期、高涨期和衰退期
	潘崇霞[61]	初始传播、变化发展和消退阶段
	兰新月[62]	潜伏期、扩散期和消退期
四阶段模型	易承志[63]	舆情形成、舆情扩散、舆情爆发和舆情终结
	张玥[64]	潜伏期、延续期、爆发期和恢复期
	刘毅[65]	涨落、变化、冲突和淡化
	肖金克[66]	酝酿期、爆发期、波动期和消退期
五阶段模型	张维平[67]	潜伏期、显现期、演进期、缓解期和消失期
	谢科范[68]	潜伏、发展、加速、成熟和退化
	张斌[69]	潜伏期、萌动期、加速期、成熟期和衰退期
六阶段模型	韩立新[70]	显现期、成长期、演变期、爆发期、降温期和长尾期
七阶段模型	喻国明[71]	初始发生、网民爆料、媒体跟进、网络炒作、舆情演化、政府决策和事件平息

本书研究的舆情反转事件和网络暴力事件演化是网络舆情演化的一种特殊情况，也会经历"潜伏—扩散—消退"这样一个演化过程，所以，把生命周期理论用于研究这两种舆情现象的演化过程是可行的。

2.1.2　沉默的螺旋理论

"沉默的螺旋"理论首次出现在1974年《重归大众传播的强力观》[72]一文中，由诺埃勒·诺依曼（Noelle-Neumann）提出。到了1980年，他在

*The Spiral of Silence: Public Opinion–Our Social Skin*一书中对该理论展开了详细的阐述。"沉默的螺旋"理论基于这样一个假设：在公共事件的讨论中，由于个人对被大众孤立的恐慌，大多数个人会摒弃自身所持有的小众态度或观点，而选择保持沉默。[73]基于"沉默的螺旋"理论，我们可以发现这样一个社会现象：当面对某一热点话题或是具有争议的事件时，民众会先认识清楚周围声音的"意见气候"，并与之对比，然后才会表达自身对该事件的看法、态度及情绪，如果自身的态度立场或观点是与其他主流的观点相近或相同且该意见处于优势状态，那么个体就会非常积极地参与该事件的讨论，随着事件的升级讨论，这类意见观点在一轮一轮的意见淘汰中就得到更加充分的肯定，进而大范围地传播；相反，如果自身的意见不属于主流意见，甚至自己的意见会遭到其他人的反对与攻击，那么个体就会选择保持沉默或随大流意见以求不被大众孤立。一方意见流的强盛造成另一方意见流的沉默，而一方的沉默也反作用促进另一方强盛，在这样一个的相互反作用力下便形成了一方呼声愈发高涨而螺旋上升、另一方保持沉默而螺旋下降的发展过程。

本书认为，沉默的螺旋现象在当前网络舆情环境中十分普遍，是分析网络暴力类舆情话题演化趋势的重要理论基础。在网络暴力事件发生的初期，网民对舆情事件的全貌未知，对舆情相关人的做法也有自己独特的见解，意见与立场呈现多元化；但随着舆情事件被进一步深挖，越来越多的网络媒体参与到事件的讨论中，由一些大V（指在新浪、腾讯、网易等平台获得个人认证，拥有众多粉丝的用户）或者自媒体发表意见并形成意见领袖，此时，那些秉承少数意见的网民会开始保持沉默或者选择附和来逃避大流对自身的孤立，在这样的博弈下，网络舆情事件的演化会朝着大多数意见流的方向发展，沉默的螺旋现象逐渐显现，如图2.1所示。

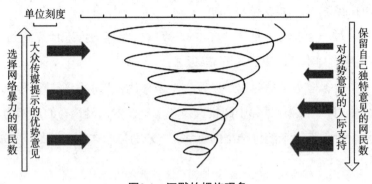

图2.1　沉默的螺旋现象

2.1.3　非均衡子集

非均衡子集是指数据集中不同类别的样本数之间相差巨大（一般指正样本数量远远小于负样本数量），当进行机器学习的任务时，如果样本有大量的非均衡数据，以总体分类准确率为学习目标的传统分类算法会过多地关注多数类，从而使得少数类样本的分类性能降低。对于非均衡子集常用的处理方法包括：①扩充数据集；②对数据集进行重采样；③人造数据；④改变分类算法。

本书在研究网络舆情反转预测和网络暴力事件预测模型训练时，由于真实情境中的反转事件和暴力事件均远少于普通舆情事件，因此事件数据集存在非均衡分布现象，需要进行特殊处理。

2.2　相关技术

2.2.1　SMOTE算法

SMOTE算法是一种合成少数类的过采样技术，该算法于2002年由Chawla提出。它是基于随机过采样算法的一种改进方案，主要用于解决分类问题中经常出现的样本不均衡问题。其基本思想是对少数类样本进行分析，并根据少数类样本人工合成新样本添加到数据集中，从而得到分类比例均衡的训练样本。算法流程如下：

（1）对于少数类中每一个样本x，以欧氏距离为标准计算它到少数类样本集中所有样本的距离，得到其k近邻；

（2）根据样本不平衡比例设置一个采样比例以确定采样倍率N，每一个少数类样本x，从其k近邻中随机选择若干个样本，设选择的近邻为x_n；

（3）对于每一个随机选出的近邻x_n，分别与原样本按照如下公式构建新的样本：

$$x_{\text{new}}=x+\text{rand}（0,1）\times |x-x_n| \tag{2.1}$$

2.2.2　K-means算法

K-means算法（又名K均值算法）中的K表示的是聚类为K个簇，means代表取每一个聚类中数据值的均值作为该簇的中心，或者称为质心，即用每一个类的质心对该簇进行描述。其算法思想大致为：先从样本集中随机选取K个样本作为簇中心，并计算所有样本与这K个"簇中心"的距离，对于每一个样本，将其划分到与其距离最近的"簇中心"所在的簇中，对于新的簇计算各个簇新的"簇中心"。

根据以上描述，实现K-means算法的步骤如下：

（1）簇个数K的选择；

（2）各个样本点到"簇中心"的距离；

（3）根据新划分的簇，更新"簇中心"；

（4）重复上述2、3过程，直至"簇中心"没有移动。

本书在研究构建舆情反转预测模型时，基于K-means算法对SMOTE数据均衡算法进行改进，提出改进的KE-SMOTE算法对不均衡事件子集进行均衡处理；在构建网络暴力预测模型时，则提出一种融合集成噪声识别与SMOTE算法进行非均衡事件子集的处理。

2.2.3　人工神经网络

1. 多层感知机

多层感知机（MLP）是一种人工前馈神经网络模型，可以将输入的多个数据集映射到单一输出的数据集上，它是由单一感知机演化而来的，最主要的特点是拥有多个神经元，其结构上共包含三层，分别是输入层、隐藏层、输出层，如图2.2所示为多层感知机的层结构。

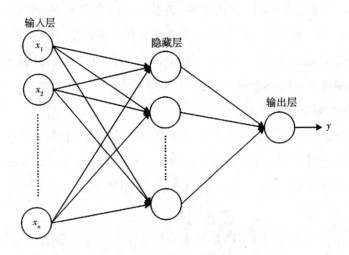

图2.2　多层感知机层结构

从图2.2中可以看出，多层感知机是基于相邻层之间的神经元节点全连接，即相邻的每个层之间的任意一个神经元都互相连接，但是同一层内的神经元节点无连接的神经网络模型。多层感知机的第一层是输入层，第二层是隐藏层，最后一层是输出层。

输入层输入所要训练的数据，原始数据经由一个或多个全连接层，被其进行拟合，拟合后的数据最后由输出层将数据输出，使用输出值与样本标签来构建损失函数，再基于反向传播的梯度下降算法迭代降低损失函数并进一步更新模型的参数，使损失函数达到最小值，此时所训练的多层感知机模型具备了精确拟合样本特征的能力。具体地说，隐藏层神经元与输入层是全连接的，假设输入层用X表示，则隐藏层为

$$f\left(W_1X+b_1\right) \tag{2.2}$$

其中，W_1是权重，b_1是偏置，函数f是激活函数，常见的激活函数有sigmoid、tanh或ReLU等。隐藏层到输出层可以看成一个多类别的逻辑回归，也即softmax回归，所以输出层的输出就是

$$\text{softmax}\left(W_2X_1+b_2\right) \tag{2.3}$$

本书将基于多层感知机技术来构建网络暴力事件的预测模型。

2. Adam神经网络

Adam是神经网络优化的一种方法，可以替代传统随机梯度下降（SGD）过程，通过计算梯度的一阶矩估计和二阶矩估计为不同的参数设计独立的自适应性学习率。并且，Adam算法为适应性梯度（AdaGrad）算法和均方根传播（RMSProp）算法的优点集合。

（1）AdaGrad算法。

AdaGrad算法会使用一个小批量随机梯度g_t，按元素平方的累加变量s_t在时间步为0时将s_0中每个元素初始化为0；在时间步为t时，AdaGrad算法首先将小批量随机梯度g_t按元素平方后的结果累加到变量s_t：

$$s_t \leftarrow s_{t-1} + g_t \odot g_t \tag{2.4}$$

其中$\odot$是按元素相乘，接着将目标函数自变量中每个元素的学习率按元素运算重新调整为：

$$x_t \leftarrow x_{t-1} - \frac{\eta}{\sqrt{s_t + \varepsilon}} \odot g_t \tag{2.5}$$

其中η是学习率，ε是为了维持数值稳定性而添加的常数，这里开方、除法和乘法的运算都是按元素运算的，这样就会使得目标函数自变量中每个元素都分别拥有自己的学习率。

（2）RMSProp算法。

AdaGrad算法中因为调整学习率时分母上的变量s_t一直在按元素平方的小批量随机梯度累加，所以目标函数自变量每个元素的学习率在迭代过程中一直在降低（或不变）。因此，当学习率在迭代早期降得较快且当前解依然不佳时，AdaGrad算法在迭代后期由于学习率过小，可能较难找到一个

有用的解。为了解决这一问题，RMSProp算法对AdaGrad算法做了一点小小的改进。不同于AdaGrad算法里状态变量s_t是截止时间步t所有小批量随机梯度g_t的元素平方和，RMSProp算法将这些梯度按元素平方做指数加权移动平均。具体来说，给定超参数$0 \leqslant \gamma < 1$，RMSProp算法在时间步$t > 0$时计算公式为

$$s_t \leftarrow \gamma s_{t-1} + (1-\gamma) g_t \odot g_t \qquad (2.6)$$

和AdaGrad算法一样，RMSProp算法将目标函数自变量中每个元素的学习率按元素运算重新调整，然后按如下公式更新自变量：

$$x_t \leftarrow x_{t-1} - \frac{\eta}{\sqrt{s_t + \varepsilon}} \odot g_t \qquad (2.7)$$

其中η是学习率，ε是为了维持数值稳定性而添加的常数。因为RMSProp算法的状态变量s_t是对平方项$g_t \odot g_t$的指数加权移动平均，所以可以看作最近$1/(1-\gamma)$个时间步的小批量随机梯度平方项的加权平均，这样自变量每个元素的学习率在迭代过程中就不再一直降低（或不变）。

3. 长短时记忆神经网络

长短时记忆神经网络（long and short term memory network，LSTM）[74] 是一种特殊的循环神经网络，循环神经网络在处理文本数据领域有着很好的效果。传统的神经网络模型存在无法理解上下文语义的致命缺点，循环神经网络则试图模拟人的行为。当人们阅读一篇文章时，首先阅读每个单词，然后将之前阅读到的信息进行编码放入状态变量中去，从而拥有了一定的记忆能力，可以更好地理解之后的文本。LSTM在传统循环神经网络的基础上加入了一个记忆块（memory block），该记忆块包含三个门：遗忘门（forget gate）、输入门（input gate）、输出门（output gate）。神经单元的网络结构见图2.3。

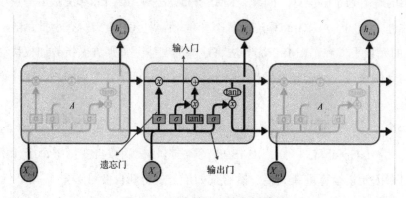

图2.3　LSTM神经元内部结构图

遗忘门：通过上一刻所学习到的知识，过滤掉一些不需要的或是没用的句子。

输入门：在遗忘门中所保留下来的句子通过输入门进行更新。

输出门：控制单元状态，决定有多少值输出到LSTM的当前输出值中。

2.2.4　集成学习

集成学习（ensemble learning）是指通过构建并结合多个学习器来完成学习任务。集成学习的一般结构为：先产生一组"个体学习器"，再用某种策略将它们结合起来。集成中只包含同种类型的个体学习器，称为同质，当中的个体学习器亦称为"基学习器"，相应的算法称为"基学习算法"。集成中包含不同类型的个体学习器，称为"异质"，当中的个体学习器称为"组建学习器"。

集成学习主要有以下三种结合策略：

1. 平均法

对于数值类的回归预测问题，通常使用的结合策略是平均法，也就是说，对于若干个弱学习器的输出进行平均得到最终的预测输出结果。假定当前得到了T个弱学习器$\{h_1, h_2, \cdots, h_T\}$，可以用算术平均进行预测，预测公式为

$$H(x) = \frac{1}{T} \sum_{1}^{T} h_i \qquad (2.8)$$

如果每个个体学习器有一个权重w，则预测公式为

$$H(x) = \sum_{i=1}^{T} w_i h_i(x) \qquad (2.9)$$

其中w_i是个体学习器h_i的权重，通常有$w_i \geq 0, \sum_{i=1}^{T} w_i = 1$。

2. 投票法

对于分类问题的预测，通常使用的是投票法。假定当前得到了T个弱学习器$\{h_1, h_2, \cdots, h_T\}$，假设预测类别为$\{c_1, c_2, \cdots, c_K\}$，对于任意一个预测样本$x$，我们的$T$个弱学习器的预测结果分别是$(h_1(x), h_2(x), \cdots, h_T(x))$。投票法有三类，第一类投票法是相对多数投票法，也就是T个弱学习器对样本x的预测结果中，数量最多的类别c_i为最终的分类类别；第二类是绝对多数投票法，在相对多数投票法的基础上，不但要求获得最高票数，还要求票过半数，否则会拒绝预测；第三类是加权投票法，和加权平均法一样，每个弱学习器的分类票数要乘以一个权重，最终将各个类别的加权票数求和，最大的值对应的类别为最终类别。

3. 学习法

因为平均法和投票法的学习误差都比较大，于是就有了学习法，学习法的代表方法是Stacking，当使用Stacking的结合策略时，不仅仅是对弱学习器的结果做简单的逻辑处理，而是再加上一层学习器，也就是说将训练集弱学习器的学习结果作为输入，将训练集的输出作为输出，重新训练一个学习器来得到最终结果。

2.2.5 决策树算法

决策树算法在分类、预测任务中有着广泛的应用，它是基于树状结构进行预测分类的监督式学习，每一个叶子节点对应一个分类，非叶节点对应着在某个属性上的划分，根据样本在该属性上的不同取值将其划分为多个子集。决策树算法是自顶向下、分而治之的过程，它的核心问题在于如

何在多个特征中对样本进行合理的拆分。[75] 目前决策树算法大体分为ID3算法、C4.5算法与CART算法三种，本书基于问题特性选用ID3算法。

ID3算法基于信息熵来选择最优测试特征，它选择样本中具有最大信息增益值的特征作为测试特征，该算法根据信息论理论，采用划分后数据集的不确定性作为衡量划分好坏的标准，用信息增益值度量不确定性：信息增益值越大，不确定性越小。因此，ID3算法将每个非叶节点中信息增益最大的特征作为测试特征，从而得到最优的划分标准。一个样本集的总信息熵计算公式如下：

$$I(s_1, s_2, \cdots, s_n) = -\sum_{i=1}^{n} P_i \log_2(P_i) \qquad (2.10)$$

其中S是数据集，n代表类别特征的取值：C_i（$i=1, 2, \cdots, n$）。设C_i是类S_i中的样本数，P_i是任意样本属于C_i的概率。假设一个特征A有k个不同取值$\{a_1, a_2, \cdots, a_k\}$，特征$A$将集合$S$划分为子集$\{S_1, S_2, \cdots, S_k\}$，其中$S_j$包含集合$S$中特征$A$取$a_j$值的样本。若将特征$A$作为测试特征，则这些子集就是从集合$S$的节点生长出的新的叶节点。设$S_{ij}$是子集$S_j$中类别为$C_i$的样本数，则根据特征$A$划分数据集的信息熵值为$E(A) = \sum_{j=1}^{k} \frac{(s_{1j}+ s_{2j}+ \cdots + s_{nj})}{s} I(s_{1j}, s_{2j}, \cdots, s_{nj})$，其中，$I(S_{1j}, S_{2j}, \cdots, S_{nj})$是子集$S_j$中类别为$C_i$样本的概率。最后，将特征$A$划分数据集$S$后的信息增益为Gain（$A$）=$I(S_{1j}, S_{2j}, \cdots, S_{nj})$–$E(A)$。

显然，$E(A)$与Gain（A）呈负相关，说明特征A对分类的信息贡献越大，特征A对分类的不确定程度越小，通过递归调用整个过程，生成其他特征作为节点的子节点和分支从而生成最终的决策树模型。

2.2.6 社会网络分析

社会网络分析也称网络分析，是对某一团体或区域中的组成关系进行量化表示[76]，将组织中的关系进行网络分布式的可视化呈现。社会网络分析常用的指标有中心度、模块化指数、网络直径等。

本书将中心度作为主要分析指标，中心度由连出度与连入度组成，连出度是指一个节点向外散射出的节点数，连入度是指该节点中有多少个外部节点指向该节点。中心度的大小能够反映出在网络结构中一个节点的重要程度，中心度越大说明在网络中占据越重要的地位。

2.2.7　LDA主题模型

主题模型是一种概率模型，常用于文本的无监督聚类、语义分析和挖掘等方面。常见的主题建模方法是将文本呈现为一组主题的混合体，并提取文本之间关联的语义信息，一般方法有 LSA、PLSA、LDA等，本书主要利用LDA主题模型LDA（latent Dirichlet allocation）来提取主题关键词。

LDA用主题分布来表达文章，它包含三层贝叶斯概率模型，即一篇文档是由一组词构成，词与词之间没有先后顺序的关系，对于某篇文章，可能里面不止在讲一种主题，而是几种主题混杂在一起，因此文章可以有多个主题，一个主题可以在多篇文章之中，区别在于出现频率不一样。

首先，一篇文章的每个词都是通过"以一定概率选择了某个主题，并从这个主题中以一定概率选择某个词语"的方式得到的。因此，表达一篇文章里的每个词语出现的概率公式为

$$p(\text{词语} \mid \text{文本}) = \sum_{\text{主题}} p(\text{词语} \mid \text{主题}) \times p(\text{主题} \mid \text{文本}) \quad (2.11)$$

"词语|文本"是指每个文档中每个词语出现的次数，即词频；"词语|主题"是指每个主题中每个单词出现的次数；"主题|文本"是指每个文档中每个主题出现的概率。通过对许多文本进行分词，统计各个文本中的每个词语的出现概率，最终得到"词语|文本"的结果。

LDA的图模型结构如图2.4所示。

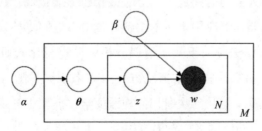

图2.4　LDA模型结构图

θ是一个主题向量，每个向量列显示文本中每个主题出现的概率；$p(\theta)$是θ的分布，N和w_n同上；z_n表示选择的主题，$p(z|\theta)$表示给定θ时主题z_n的概率分布，$p(w|z)$同上。首先，选择一个向量θ，创建好所有词语后，向量θ将选择一个主题z，并通过比较z主题的词语出现概率确定最终生成的词语。

从图2.4可知，LDA的联合概率为

$$p(\theta,z,w \mid \alpha,\beta) = p(\theta \mid \alpha)\prod_{n=1}^{N} p(z_n \mid \theta)p(w_n \mid z_n,\beta) \qquad (2.12)$$

2.2.8　情感分析

情感分析也称为意见挖掘[77]，是指对一个自然语言文本进行分析，判断其情感倾向属于正向言论还是负向言论。目前情感分析分为基于情感词典与基于机器学习两大类。基于情感词典是指利用已有的知识，通过标注情感词、计算情感词权重来构建该领域下的特定情感词典，情感词典建立之后，把需要进行预测的文本放入情感词典进行匹配，从而得出情感值。但是传统的情感词典在构建时，需要大量的人力成本和时间成本，也需要研究者本身具备语言学方面的知识，尤其是涉及一些专业领域时，还需要相关领域专家给予专业性的词组建议。随着技术的发展，基于机器学习的情感分析方法越来越受到欢迎。

基于机器学习的情感分析方法是通过少量的标注词语，利用构建的模型来学习文本数据特征，从而达到对海量未知文本进行情感分析的目的，可以节省大量的人力与时间成本，分类效果也显著提高。Pang等人[78]于2002年首次将机器学习应用于文本情感分类中，他们将朴素贝叶斯、最大熵和支持向量机算法应用于文本情感分析中并进行比较研究，实验结果表明，支持向量机算法在文本情感分类中效果最好。随着基于机器学习的情感分析方法越来越受到欢迎，各种深度学习模型也涌现出来，Bengio等人[79]首次基于神经网络构建语言模型，由于该模型存在训练时间较长的问题，2013年，谷歌公司Mikolov等人[80]在此基础上修改模型，构建出word2vec模型，该模型现已成为自然语言领域主流的向量表示模型，word2vec模型的出现使得深度神经网络模型在分类效果上表现更佳，例如循环神经网络（recurrent neural network, RNN）、长短时记忆网络（long short-term memory，LSTM）等[81,82,83]。目前情感分析主要运用在医疗健康、商业金融、政府与突发事件等领域。[84]

第二部分

基于舆情现象识别视角的网络舆情预测

　　当前学者多侧重于舆情预测下游任务的研究，且以舆情演化趋势为切入点，从舆情热度、情感倾向性和传播过程角度展开的研究居多，而以事件为主体、对各类舆情现象进行提前预测的研究则较少。本部分主要从舆情现象识别角度，基于机器学习相关技术，以舆情反转现象和网络暴力类事件为研究对象，对舆情预测方法和具体舆情现象的应对策略进行相关研究。

第3章　面向非均衡事件子集的舆情反转预测

在"人人都有麦克风，人人都是播音员"的新媒体时代，社交网站、微博、微信等社交媒体，成为舆论焦点的热源地和发酵池。[85]中国互联网信息中心第45次《中国互联网络发展状况统计报告》显示，截至2020年3月，我国网民规模达9.04亿，其中拥有手机的用户达8.97亿，占比99.2%。[86]2013年以前我们获取新闻的主要来源是报刊、通信、广播、电视等传统媒体，其真实性不容置疑。随着时代的进步，"两微一端"成为舆论的主阵地，微博的强媒介属性、微信的强社交属性以及新闻客户端的海量资讯让舆论空间偏重于此，同时也日益成为公众的话语空间和发声地。[87]越来越多的新闻先由社交媒体发布，再由传统媒体跟踪报道，部分网络社交媒体为了追求时效性，在没有了解清楚事实真相时就草率发声，导致受众第一时间获取的信息没有经过严格的审核，进而使得舆情反转现象频频出现。

舆情反转事件的频频出现已经给公众、媒体和政府带来不同程度的负面影响，深入研究舆情反转现象具有很重要的现实意义：第一，可以促使公众时刻保持理性，做到谨言慎行；第二，可以促使主流媒体加大网络监管部门的监察力度，建立健全网络监管部门的审查机制，充分发挥其舆论引领作用；第三，可以为舆情治理部门提供借鉴思路与实际方法，帮助政府及时调整舆论导向，做出恰当的应对决策。

3.1 舆情反转概述

3.1.1 概念界定

舆情产生的标志是某一热点事件被广大网民所知晓，而反转是一个逼近或澄清真相的动态过程。[88,89]给舆情反转下定义的学者很多，但是到目前为止，学术界还没有给出一个统一的定义。郑玮[90]认为舆情反转是网络舆论空间中被重点关注的一种现象，是公众对于某个事件的观点、态度与情感产生的前后的剧烈反转。敖阳利[91]认为舆情反转是民众的意见、意愿、态度、情绪所发生的偏转，是受众在获得特定信息后对事件做出的相反论定。本书采用文献[92]中关于"舆情反转"现象的定义：由于某种特定因素或特定信息的介入，公众的情绪、意愿、态度和意见等向相反方向发展并且逐渐接近真相的一个动态演化过程。

与舆情反转类似的研究是新闻反转，两者有着一定的区别和联系。文献[93]从典型案例入手，探究了新闻反转是否能推动舆情反转；文献[94]提出，相较于新闻内容失实基础上发生的新闻反转，舆情反转事件的传播范围更广，演化过程也更加复杂，因为其既包含了客观事实的改变，也包含了群众意见的转变。[95]舆情反转和新闻反转的关系可以总结如图3.1所示。

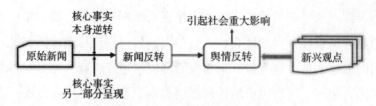

图3.1　新闻反转和舆情反转的关系

从图3.1中可以看到，新闻反转往往可以推动舆情反转，并不可避免地引起较大的社会影响。另外，几乎所有的舆情反转事件带来的影响都远远大于普通舆情事件，它多是由公众宣泄不健康情绪所引发的，以极大消费公众感动、同情而终结，对社会信任等造成不可弥补的巨大影响。[96]同时，层出不穷的网络舆论反转事件已经成为谣言、舆论暴力滋生的温床，也为非理性负面情绪的产生提供了有利条件，给社会带来了极大的负面影响。本书的研究聚焦于舆情反转现象。

3.1.2　舆情反转成因分析

舆情反转的诱因可以总结如下：

（1）随着微博、短视频等自媒体平台的兴起，新闻呈现的形式从纯文字发展为更具有说服力的图文混合以及极富视觉冲击力的短视频，使得舆情事件相关信息的真假性越来越难以辨认，进而导致舆情反转事件频发。

（2）受众在看待舆情事件时，往往会受到惯性思维和刻板印象的影响，忽略了事件本身的是非对错，极易出现舆情事件反转。[97]

（3）在框架理论的影响下，公众会表现得对新闻报道过度依赖甚至失去理智，尤其是对一些较大的特殊性事件的报道。随后，如果媒体报道的方向发生了反转，公众自然也会跟着媒体走，进而引发舆论反转。[98]

（4）在舆情传播过程中，话题性足的事件更容易从事件的传播上升为群体冲突，由此引发对立和撕裂，舆情反转频发。

3.1.3　国内外研究现状

1. 国内研究现状

国内学术界对于舆情反转现象的研究最早始于2013年《济南日报》发表的一篇题为《大妈讹老外：新闻真相反转谁之过》的文章，此后引起了各界对舆情反转现象的深入研究。本书将"舆情"和"舆情反转"作为主题词在中国知网（CNKI）上进行检索，文献发表时间截至2021年12月4日，共计获得文献385篇，发文情况如图3.2所示。从图中可以看出，自2015年起，关于舆情反转的研究逐渐增多，相关文献从最初的13篇，到2016年增至43篇，2017年增至77篇，2018年增至86篇，2019年增至105篇，2020年大幅下降至57篇，2021年则又呈现增长趋势。由此可见，学术界关于"舆情反转"的研究还处于起步阶段，但从增长趋势来看，该问题已经引起越来越多学者的关注与重视，这与近年来新媒体的快速发展和应用密不可分。

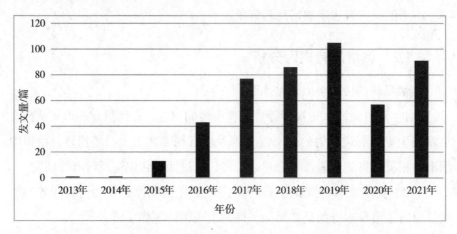

图3.2　"舆情反转"相关文献发文情况

目前，国内对舆情反转的相关研究主要从以下三个方面展开：

（1）基于舆情反转成因及应对策略的研究。

普莎[99]认为"把关人"缺失下的话语权不平衡、拟态环境影响受众意识生成、注意力经济下的媒体报道失范、网络空间的群体心理是造成舆情反转的重要原因。孙好[100]从传播者、受众和事件本身三个方面，对后真相时代舆情反转的成因进行探析，该作者认为技术赋权下新闻专业精神缺失的传播者、理性缺失的公众、话题性很足的舆情事件致使舆情反转事件频发。文献［101］把持续时长、事件类型、反转时段、反转次数、事件规模、反转渠道、是否引起线下事件作为属性特征来研究舆情反转。黄远[94]将舆论反转过程划分为舆论引爆点、初始舆论、舆论反转点和最终舆论四个阶段。文献［102］通过分析成都七中实验学校食品安全事件的舆情传播趋势，发现滞后的"后真相"无法抹平公众已经激起的恐慌情绪。文章指出，要防止后真相事件愈演愈烈，需强化网络媒体责任，构建行业性监管规则，更重要的是提升政府的公信力与社会治理能力，促进公平正义。

（2）基于舆情反转传播与演化的研究。

研究舆情反转现象可以使媒体了解舆情反转事件的传播及演化规律，在舆情的议题设置、事件真相的跟踪报道过程中，能够利用自身专业及权威特性，在网民的心理接受范围和舆情的承受能力下，理性引导大众舆论，争取得到最大限度的舆论支持。[103]骆正林[104]从传播主体、传播内容、传播渠道和受众等几个方面对舆情反转现象展开研究。张丽等人[105]基于生命周期理论从舆论形成、舆论反转、舆论发酵、舆论平息四个阶段分析舆情反转事件的演化过程。Cheng[106]以外界重要信息为变量，基于JA模型研究舆情反转的动态演化过程。还有学者[107]提出在舆情事件演化过程中，随着关键信息的补入，可以改变甚至是反转舆论导向，但是不同的信息补入方式将会产生不同的舆论演化结果。

（3）基于舆情反转预测的研究。

国内关于舆情反转预测的研究比较少，主要从两个方面展开：第一，对舆情反转类型及是否会发生舆情反转进行预测研究。田俊静等学者[99]将近几年的网络舆情反转事件作为样本集，利用其描述属性和分类属性建立决策树模型，并采用测试集对决策树模型的分类性能进行评价，实验结果表明以事件类型、持续时长、反转次数和反转时段等属性为基础进行网络舆情反转事件的分类和识别是可行的。江长斌等学者[108]设计了舆情反转的影响因素，并基于支持向量机构建自媒体舆情反转预测模型。第二，通过研究舆情反转演化趋势进行舆情反转预测研究。夏一雪等学者[109]定性分析了大数据环境下网络舆情反转机理，并基于微分方程构建网络舆情反转机理模型，然后通过数值仿真定量研究网络舆情反转效应，分析网络舆情反转预测机理，提出反转动态评估方法，所构建的网络舆情反转机理模型通过预测舆情演化趋势达到预测舆情事件是否发生反转的目的。

2.国外研究现状

受国情与文化差异的影响，在国外研究中，没有直接的"舆情反转"概念，但是有很多与此相似的研究，包括以少胜多的网络舆情影响因素[110,111]、成因[112]和演化模型[113]等。Zhu等学者[114]通过大量的仿真实验，分析了信息的强度、信息发布的时间和不同类型的反信息，找到了公众舆论反转的原则；Xie等人[115]提出，占主导地位的多数观点之所以能够快速地被少量随机分布的相反观点逆转，是因为少数观点持有者能够坚持自己的观点，并且对外界影响具有免疫力；Galam[116]提出了一个在民主公众辩论中意见形成的动态模型，模型中的少数观点既没有更好的论点，也没有游说支持，所有人通过一人一票规则和地方多数票规则决定小团体的讨论结果，实验结果显示了公开辩论如何系统地导致最初敌对少数观点的全面传播，甚至是最初对该项目有利的绝大多数人；还有学者[117]探索了当一小部分人持有的抵抗证据被引入进行科学讨论时，模拟的科学界仍然获得了坚定的共识，但共识的形成时间被推迟了。

3. 国内外舆情反转研究现状评述

通过对国内外文献的回顾可以发现，虽然学术界对于网络舆情反转的研究已经有一些成果，但仅限于国内研究，其研究内容聚焦于舆情反转成因、演化规律及应对策略等方面，研究方法多以一个或几个具体案例的定性分析为主，而对于舆情反转预测方面的研究较少。主要基于反转事件的整个演化过程对事件类型和是否发生反转进行预测研究，并且存在以下问题：① 实验过程使用的数据集中，舆情事件数量较少；② 对舆情反转预测模型中使用的反转事件的特征设计未做深入讨论，其取值是基于事件反转之前的演化分析还是基于整个事件的演化分析，无从得知，进而使得基于该特征集合建模的说服力不强，模型预测的准确性以及可用性均存在很大争议。

国外文献中一般不直接研究"舆情反转"现象，很多学者研究了与舆情反转近似的"以少胜多"的网络舆情场景，研究内容侧重于舆论的影响因素、成因、演化模型等方面。

3.2　基于改进SMOTE算法与集成学习的舆情反转预测

针对前述问题，本节提出采用K-means聚类改进的SMOTE均衡样本与集成学习算法（SMOTE algorithm based on K-means clustering and ensemble learning，简称KE-SMOTE算法），构建舆情事件的反转预测模型，在热点舆情事件发生初期，对其是否有可能发生反转进行预测。首先，从当事人、公众、媒体和政府四个方面总结网络舆情反转的影响因素，并根据这些影响因素设计舆情事件的属性特征。其次，引入聚类技术设计改进的SMOTE数据均衡算法，对获取的非均衡事件样本集进行分组平衡处理，该算法与经典SMOTE算法相比，生成的新样本中，离群点数目明显减少，质量较高。接下来，构建舆情反转预测的神经网络集成学习分类模型，改进的SMOTE算法的数据分组平衡使得并行操作成为可能，因此提升了同等数目样本下SMOTE算法与模型训练的执行速度。最后，利用相关系数矩阵描述各个特征对舆情反转的影响，定性分析影响舆情反转的要素。

3.2.1　舆情反转识别模型构建

本书对获取的舆情事件设计改进的SMOTE算法进行数据平衡处理，选择Adam BP神经网络作为基本分类器，构建舆情反转预测的集成学习模型。模型构建过程如图3.3所示。

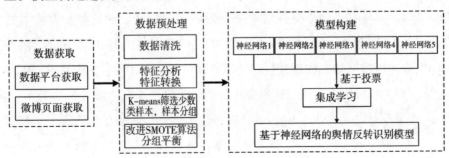

图3.3　舆情反转识别模型构建

1. 数据获取与预处理

头条新闻、澎湃新闻、人民网等主流媒体平台都会在舆情事件发生的第一时间进行报道。此外，清博大数据、知微事见等舆情监测平台也会汇总当天发生的新闻事件去更新事件库模块。本书从上述平台共获取2015—2019年间的2 648个热点事件，删除其中的非舆情案例，如"第46颗北斗导航卫星成功发射""中国航天完成首次海上发射"等，共筛选出671个舆情案例展开分析。

2. 网络舆情事件的特征分析

目前，大部分关于舆情反转现象的研究都是基于案例的定性分析，例如，金真婷[118]以"河南高考掉包事件"为例，得出舆情反转现象出现的原因包括：网络民粹主义的滋生、网络"意见领袖"的选择性引导和网民的从众心理与情绪宣泄；高红阳等人[119]以"广州学生涉嫌体罚学生事件"为例，得出舆情反转的治理路径包括：应坚守马克思主义新闻观、用技术把关代替价值把关、优化媒体评估机制和提高受众的媒介素养。仅有少量学者通过构建预测指标进行舆情反转研究，例如田世海等人[120]从平台控制性、信息准确性、主体批判性、传播突变性四个维度识别自媒体舆情反转的影响要素。但是，因为网络舆情反转是舆情传播中的一类特殊现象，是当前的大数据环境才使得这种特殊情况出现的频率越来越高[107]，因此，本书还借鉴了舆情预警、舆情预测、舆情评估等与指标体系设计相关的文献，例如王英杰等人[121]从疫情事件、用户信息行为和情感倾向三个维度构建了舆情预警指标，并验证了所构建指标的科学性和可用性；安璐等人[122]提取了恐怖事件情境下微博的用户特征、时间特征和内容特征，用于微博影响力的预测研究。周小雯等学者[123]提出话题–内容–载体–受众"四维"指标体系进行舆情风险评估的研究。上述研究从不同维度构建了舆情指标，为舆情反转预测指标的构建提供了参考依据。

舆情反转是一个四方博弈的过程，包括公众（以网名为代表）、当事人、第三方平台、政府。[124]本节从事件内容本身和上述几个方面分析网络舆情反转的影响因素，并以此为依据设计网络舆情事件的特征。

（1）事件本身。

舆情事件以社会类型居多，大多数社会类型的事件与现实生活息息相关，互联网时代，网民既是信息的接收者，也是信息的传播者。舆情事件本身具备一些基本特征，包括事件的持续时长（x_1）、事件规模（x_2）、是否引起线下事件（x_3）、事件从产生到初次报道的时间差（x_4）、事件人物的年龄（x_5）、首发平台（x_6）、事件是否与现实生活联系紧密（x_7）、事件背后是否带有某种社会情绪（x_8）、事件的相关信息是否被模糊化处理（x_9）、事件主体是否多元化（x_{10}）、事件是否存在争议（x_{14}）。而与事件相关的博文或新闻的转发量（x_{15}）、评论量（x_{16}）、点赞量（x_{17}）、博文数（x_{18}）、影响力指数（x_{19}）也体现了该舆情事件的影响力。

（2）当事人。

当事人在舆情事件的发展过程中占据重要地位，与当事人相关的属性特征包括当事人是否为弱势群体（x_{11}）、当事人是否中途退场（x_{12}）、当事人是否被人肉搜索，并遭遇网络暴力（x_{13}）。

（3）网民。

截至2022年12月，我国网民规模达10.67亿，网民在舆情事件的发展过程中既有积极影响，也有消极影响。总结与网民相关的特征包括：网民和官方报道事件内容是否一致（x_{25}）、网民的观点是否存在刻板印象（x_{26}），以及网民的前后情感倾向是否一致（x_{27}），这些因素都会造成舆情反转。

（4）第三方平台。

第三方平台，即网络媒体。有些网络媒体为了追求时效性，在没有调查清楚事实真相的情况下就草率发声。随着后来关键信息的补入，舆情事件发生反转。例如，在"小凤雅事件"中，事件后期部分媒体纷纷删除之前发的贴子，并且向小凤雅及她的家人道歉。虽然事情最后澄清了，但是给当事人及当事人家属造成很大的伤害。由此总结与媒体相关的特征包括：媒体的报道是否存在极性倾向（x_{20}）、媒体是否存在首发失实问题（x_{21}）、媒体是否存在删贴和道歉的情况（x_{22}）、媒体对事件是否有后续的报道（x_{23}）、媒体对事件报道的完整程度（x_{24}）。

（5）政府。

政府部门如公安机关、监察机关、调查组等，在舆情事件存在争议的情况下，会介入调查事情的真相（x_{33}），直到调查清楚给大家一个交代。

（6）其他因素。

影响舆情反转的要素还包括：是否发生网络群体极化现象（x_{28}）、是否进行了议程设置（x_{29}）、内容爆点是否多（x_{30}）、是否对事件进行了带有明显倾向性的预判（x_{31}）、是否存在刷屏现象（x_{32}）。

3. 基于改进的SMOTE算法进行数据平衡处理

在真实情境中，舆情反转事件相对较少。因此在所获取的事件样本数据中，舆情反转事件与舆情非反转事件比例悬殊，这样就出现了样本比例不平衡的问题，即非均衡子集问题。样本比例不平衡会导致分类模型过多关注样本的多数类，而使得少数类的分类正确性较低，模型的实际应用与泛化能力较弱。

SMOTE算法是一种合成少数类的过采样技术，主要用于解决分类问题中经常面对的样本不均衡问题，其基本思想详见第2章。

经典的SMOTE算法存在诸多问题，如噪声样本参与新样本合成使得产生的新样本质量较差等。因此，本节引入K-means聚类改进SMOTE算法，进而优化分类器的性能，具体步骤如下：

（1）对n_{min}个少数类样本进行K-means聚类，并选取m个最优聚类中心；

（2）将n_{max}个多数类样本划分为$[n_{min}/2m]$组，每组样本与m个聚类中心共同构成一组新样本；

（3）对每组新样本中的每个少数类样本x，计算x在本组中的k近邻；

（4）根据样本不平衡比例设置一个采样比例以确定采样倍率N，根据N值从x的k近邻中随机选择若干个样本；

（5）对于每一个随机选出的近邻x_n，分别与原样本x按照公式（2.1）构建新的样本；

（6）重复（3）~（5），直到各组样本产生完毕。

在改进的算法中，第（1）步采用聚类技术，使用最少离群样本参与新样本生成作为优化函数，得到最优聚类数m。生成的m个聚类中心作为有代表性的少数类样本，第②步将其与多数类样本按照一定比例进行分组（比例大小可以根据样本数设置，尽量涵盖全部多数类训练样本，本书选取少数类与多数类样本比例为1∶2）。然后按照经典SMOTE算法的计算过程，根据样本分组生成若干新样本［步骤（3）~步骤（6）］。为了保持与样本的离散类型一致，步骤（5）中计算新样本时采用了取整操作。

改进后的SMOTE算法生成了质量相对较高的新样本集合，对比实验结果见图3.4所示。从图中可以看出，与经典SMOTE算法相比，在改进的SMOTE算法生成的新样本中，离群点数目明显减少。同时，当聚类中心数选择51时，得到了新样本的最佳分布，离群点最少。

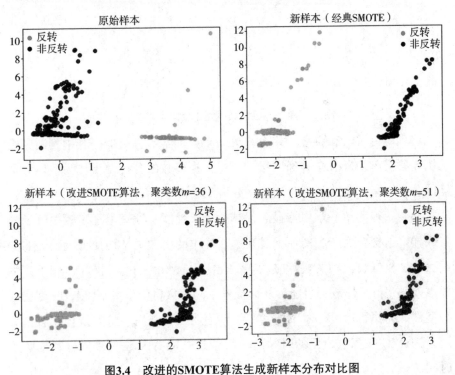

图3.4 改进的SMOTE算法生成新样本分布对比图

4. 模型构建

分别用5组训练样本训练神经网络分类器，每个分类器设计为三层的

Adam神经网络，输入层接收待处理事件样本数据的33个特征；隐含层包含32个神经元，选择ReLU作为激活函数；输出层包含1个神经元，选择Sigmoid作为激活函数。单个分类器的形式如图3.5所示。

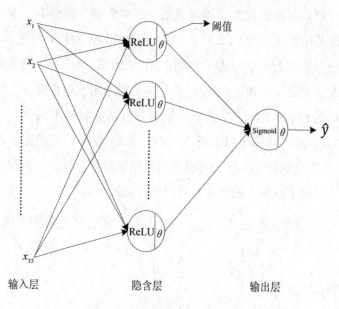

图3.5　单个神经网络模型（个体学习器）

　　将训练好的五个神经网络合成为一个集成学习分类器，其中判断原则采用投票机制，即五个神经网络中，以占据多数的分类结果作为整体分类器的分类结果。集成学习是通过构建并结合多个学习器来完成学习任务，通常都会获得比单一学习器显著优越的泛化性能。通过上述步骤缓解了因生成样本过拟合而产生的模型过多关注样本的多数类，而使得少数类的分类正确性较低、模型的实际应用与泛化能力较弱的问题。同时，分组产生样本使得并行操作成为可能，从而提升了同等数目的样本下SMOTE算法与模型训练的执行速度。本书的实验统计表明，在分组支持并行操作后，采用改进SMOTE算法所用的时间是采用经典SMOTE算法处理同样数据所用时间的一半。

3.2.2 实验结果与分析

1. 事件数据选取及赋值

如前所述，本书筛选了2015—2019年之间的671个网络舆情事件的相关信息，部分实验数据如表 3.1所示。

表3.1 网络舆情事件案例

舆情反转事件		舆情非反转事件	
陕西榆林产妇跳楼案	西安奔驰女司机维权事件	河南开封通许再曝28名村医集体辞职	"冰花男孩"走红
小学生自带桌板地铁赶作业	周口男婴丢失案	广东一女孩搭摩的被杀害	"河间驴肉"黑作坊造假
红黄蓝幼儿园虐童案	黑龙江男子赵宇福州见义勇为案	江苏徐州机场内飞机被吹跑	女博士举报北航教授陈小武性骚扰
00后CEO狂怼成年人事件	安徽女子称遭"奸杀"威胁	河南一女子醉驾玛莎拉蒂致两死	长沙民警棒杀金毛引网友"声讨"
女子扒高铁门事件	女子网购18件衣服旅拍后退货	湖南益阳教师李尚平举报腐败被枪杀案	北林大四名女生去雪乡途中遇车祸身亡
鸿茅药酒事件	网红摆拍捡垃圾	网曝北京早高峰地铁多人席地而坐	上海地铁一男子跳入轨道被列车冲撞身亡
高考答题卡被掉包	重庆公交车坠江事件	老太向发动机投硬币致航班延误	证监会官司打输：责令答复顾雏军
王凤雅小朋友去世事件	成都女司机被打事件	上海一老人立遗嘱遗产给女儿1元	考研数学被指现"神押题"疑发生泄题
网红Saya殴打孕妇	大学生救落水儿童溺亡事件	网曝主播为拍段子让智障人士互殴	南昌大学一副院长被指长期性侵女生

离散特征便于模型迭代，学习出的模型比较稳定可以提高模型预测的准确度，本书将33个事件特征进行详细的取值分析，并对事件进行向量化描述。赋值依据如表3.2所示。

表3.2　属性赋值依据

属性	赋值依据
x_1持续时长（天/单位）	$0 \leqslant x_1 < 5$；$5 \leqslant x_1 < 10$；$10 \leqslant x_1 < 15$；$15 \leqslant x_1 < 20$；$20 \leqslant x_1 < 40$；$x_1 > 40$
x_2事件规模	国内局部1；全国范围2；国际范围3
x_3是否引起线下事件	是1；否0
x_4事件从产生到初次报道的时间差（天/单位）	$x_4 < 1$；$1 \leqslant x_4 < 2$；$2 \leqslant x_4 < 3$；$3 \leqslant x_4 < 4$；$x_4 \geqslant 4$
x_5事件人物的年龄	$0 \leqslant x_5 < 20$；$20 \leqslant x_5 < 40$；$40 \leqslant x_5 < 60$；$60 \leqslant x_5 < 80$；$x_5 \geqslant 80$
x_6首发平台	微博1；微信2；网媒3
x_7该事件是否与现实生活联系紧密	是1；否0
x_8该事件背后是否带有某种社会情绪	是1；否0
x_9事件的相关信息是否被模糊化处理	是1；否0
x_{10}事件主体是否多元化	是1；否0
x_{11}事件当事人是否为弱势群体	是1；否0
x_{12}当事人是否中途退场	是1；否0
x_{13}当事人是否被人肉搜索，并遭遇网络暴力	是1；否0
x_{14}事件是否存在争议	是1；否0
x_{15}转发量	$0 \leqslant x_{15} < 5\,000$；$5\,000 \leqslant x_{15} < 10\,000$；$10\,000 \leqslant x_{15} < 15\,000$；$15\,000 \leqslant x_{15} < 20\,000$；$20\,000 \leqslant x_{15} < 25\,000$
x_{16}评论量	$0 \leqslant x_{16} < 5\,000$；$5\,000 \leqslant x_{16} < 10\,000$；$10\,000 \leqslant x_{16} < 15\,000$；$15\,000 \leqslant x_{16} < 20\,000$；$20\,000 \leqslant x_{16} < 25\,000$
x_{17}点赞量	$0 \leqslant x_{17} < 5\,000$；$5\,000 \leqslant x_{17} < 10\,000$；$10\,000 \leqslant x_{17} < 15\,000$；$15\,000 \leqslant x_{17} < 20\,000$；$20\,000 \leqslant x_{17} < 25\,000$；$25\,000 \leqslant x_{17} < 30\,000$；$x_{17} \geqslant 30\,000$

续表

属性	赋值依据
x_{18}博文数	$0 \leqslant x_{18} < 100$；$100 \leqslant x_{18} < 200$；$200 \leqslant x_{18} < 300$；$300 \leqslant x_{18} < 400$；$400 \leqslant x_{18} < 500$；$500 \leqslant x_{18} < 600$；$x_{18} \geqslant 600$
x_{19}影响力指数	$0 \leqslant x_{19} < 20$；$20 \leqslant x_{19} < 40$；$40 \leqslant x_{19} < 60$；$60 \leqslant x_{19} < 80$；$80 \leqslant x_{19} < 100$
x_{20}媒体的报道是否有极性倾向	有1；无0
x_{21}媒体是否存在首发失实问题	是1；否0
x_{22}媒体是否存在删贴和道歉的情况	是1；否0
x_{23}媒体对事件是否有后续的报道	是1；否0
x_{24}媒体对事件报道的完整程度	完整1；不完整0
x_{25}网民和官方报道事件内容是否一致	是1；否0
x_{26}网民的观点是否存在刻板印象	是1；否0
x_{27}网民前后情感是否一致	是1；否0
x_{28}是否发生网络群体极化现象	是1；否0
x_{29}是否进行了议程设置	是1；否0
x_{30}内容爆点是否多	是1；否0
x_{31}是否对事件进行了带有明显倾向性的预判	是1；否0
x_{32}是否存在刷屏现象	是1；否0
x_{33}政府部门是否介入	是1；否0

2. 模型评估

通常用准确率（Accuracy）、精确率（Precision）、召回率（Recall）、特异度（Specificity）和F值（F-Score）来评价分类模型的预测效果，各个指标的具体描述见表3.3所示。

表3.3　评价分类模型的部分指标

指标名	含义	计算公式
准确率	分类模型所有预测正确的结果占总观测值的比重	$Accuracy=\dfrac{TP+TN}{TP+FP+EN+TN}$
精确率	模型预测是正例的所有结果中，模型预测正确的比重	$Presision=\dfrac{TP}{TP+FP}$
召回率	真实值是正例的所有结果中，模型预测正确的比重	$Recall=\dfrac{TP}{TP+FN}$
特异度	真实值是反例的所有结果中，模型预测正确的比重	$Specificity=\dfrac{TN}{TN+FP}$
F值	Precision和Recall加权调和平均数，并假设两者一样重要	$F\text{-}Score=\dfrac{2Precision\cdot Recall}{Precision+Recall}$

表3.3中，TP（true positive）：真正例，实际为正预测为正；FP（false positive）：假正例，实际为负但预测为正；FN（false negative）：假反例，实际为正但预测为负；TN（true negative）：真反例，实际为负预测为负。

本书构建的舆情反转预测模型各项指标值如表3.4所示，表现了较好的分类效果。

表3.4　评估指标值

评估指标	准确率	精确率	召回率	特异度	F值
数值	0.99	0.98	1.00	0.99	0.99

为了进一步反映模型的分类效果，同时采用ROC曲线和AUC值评估模型的泛化能力。ROC曲线以假正例率（false positive rate）为横坐标、真正例率（true positive rate）为纵坐标作图而成，曲线越靠拢（0，1）点、越偏离45°对角线，曲线下面积（AUC值）越接近1，则模型的分类效果越好。图3.6为本书构建模型的ROC曲线图，AUC=0.99，可以看出该分类器的分

类效果较好，具有较强的泛化性能。

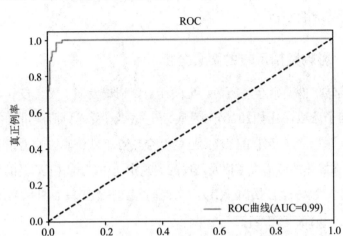

图3.6　神经网络集成学习分类模型ROC曲线

3. 预测实例分析

　　为了进一步评价本书构建的舆情反转预测模型，在知微事见平台选取2020年发生的7个网络舆情案例对分类结果进行验证，其中包含2个反转事件，5个非反转事件。将数据集代入提出的集成学习模型验证，所有案例的真实反转情况与预测情况见表3.5所示。

表3.5　真实情况与预测情况对比

案例	真实值	预测值
4月29日北京市延庆区医院伤医事件	0	0
官方通报班主任给女生发暧昧信息	0	0
西安苏福记一厨师向锅里吐口水	0	0
湖南张家界天门山翼装飞行女生身亡	0	0
中国成功发射第54颗北斗卫星	0	0
双黄连口服液可抑制新型冠状病毒事件	1	1
丈夫实名举报妻子婚内出轨绿地高管	1	1

注：案例标签（0：非反转；1：反转）。

　　从实验结果可以看出，本书构建的预测模型能够在舆情事件发生第一次反转前，给出准确的反转预测，对于非反转事件，也同样给出了事件不会发生反转的结论。

3.2.3 影响舆情反转的要素分析

舆情反转事件通常会经历舆情酝酿期、舆情爆发期、舆情反转期和舆情衰退期四个阶段。比如2020年1月底发生的"双黄连口服液可抑制新型冠状病毒事件"，该事件是比较典型的社会热点事件，其影响力指数达到79.1，并且在媒体的传播报道以及网民的舆论指向中都出现了明显的舆情反转现象。该事件从开始到结束只用了6天时间，其各个阶段如图3.7所示。

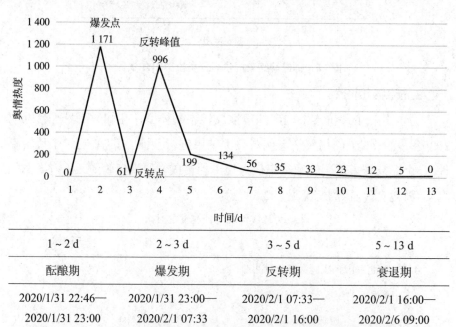

1 ~ 2 d	2 ~ 3 d	3 ~ 5 d	5 ~ 13 d
酝酿期	爆发期	反转期	衰退期
2020/1/31 22:46—2020/1/31 23:00	2020/1/31 23:00—2020/2/1 07:33	2020/2/1 07:33—2020/2/1 16:00	2020/2/1 16:00—2020/2/6 09:00

图3.7 "双黄连口服液可抑制新型冠状病毒事件"阶段划分与基本走势

通过对"双黄连口服液可抑制新型冠状病毒事件"的分析发现，反转事件在舆情酝酿期和爆发期中具有非常鲜明的特征。为了更加详细分析影响舆情反转的要素，本书通过绘制事件特征的相关系数矩阵来分析各个特征对舆情反转的影响，如图3.8所示。相关系数矩阵是对称矩阵，对角线的值为1，表示特征的自相关性。矩阵中用颜色表示该特征与因变量的相关性，颜色越深，说明相关性越大。

根据图3.8，选取与舆情事件反转相关性最大的10个特征进行详细分析。

1. 事件的相关信息是否被模糊化处理

"框架"一词起源于社会学家对事实的解释和认知心理学家有关"基模"的理论。[125]框架，即通过"选择""排除""凸显"和"弱化"的方式处理信息。[126]自媒体为了追求时效性和热度，会有选择性地将当前获得的信息重构，也就是对事件的相关信息进行模糊化处理。如"双黄连事件"中到底双黄连的疗效是老药新用研究的结果？还是"中医认为，现代医学研究认为"的结果？随着事件的相关信息逐渐补入，当先前发布的信息和后来发布的信息不一致时，舆情事件就可能发生反转。

2. 事件是否存在争议

舆情事件刚刚发生的时候，通过自媒体和新闻网站不断地转发、评论，引起公众对该舆情事件的关注，进而引发舆论高潮，此时舆论场中就会同时存在几种不同的声音，那么这一舆情事件就会存在争议。随着官方媒体相继站出来澄清事件真相，人们就会了解清楚事件始末，至此事件发生反转。

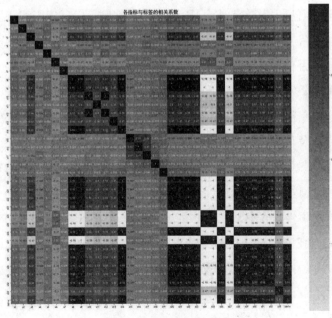

图3.8　相关系数矩阵热力图

3. 媒体的报道是否有极性倾向

媒体报道的极性倾向，又称情感倾向，是指报道者在报道和评述新闻事实时所表现出来的一种倾向。主流媒体在新闻报道中要始终坚定不移地倡导新闻报道的客观、公正原则，尽量减少极性倾向的影响和作用的范围。我们可以基于构建的积极和消极情感基准词典，计算预处理后的媒体内容与其情感差异值的大小，然后判断媒体的报道是否存在极性倾向。如果媒体存在极性倾向，往往意味着支持或反对某一观点，随着相关信息的补入，当与之前的报道的内容相左时，事件极易发生反转。

4. 媒体是否存在首发失实问题

据统计部分实际案例，发现反转新闻通过传统媒体首发的不多，主要通过新媒体首发，并且有超过七成的反转新闻首发媒体是互联网，其中又以通过社交媒体爆料最多。同时，把记者、通讯员、媒体策划人员、摄影师、网友及自媒体用户、当事方作为首发失实的责任者，统计发现报道失实的责任主体是网友或自媒体用户占比最大，达30%左右。[127] 因此我们可以根据上述统计，当一个新的舆情事件发生的时候，首先看是什么类型的媒体发布的信息，其次看责任主体是不是网友或自媒体用户，如果二者同时满足，那么这样的舆情事件可能发生反转。

5. 媒体是否存在删贴和道歉的情况

删贴和道歉对部分突发事件的谣言及煽动暴力的舆论确实有着不可替代的作用，但是这明显违背了网络舆论的传播规律。在自媒体时代，我们能删掉力所能及范围内媒体的贴子，可是我们无法删除所有的报道。如果部分媒体就某一事件存在删贴和道歉的情况，就说明媒体之前的报道和真实情况是存在偏差的，这样的事件极易发生舆情反转。

6. 媒体对事件是否有后续的报道

2017年，我国正式开始研究后真相现象，"后真相"现象是指情绪和观点往往成为新闻事件报道的助推器，情绪和观点对于公众舆情的牵引力超过了事实本身。[128] 对于舆情事件来说，通常会有后续的报道来澄清事实，那么舆情事件就发生了反转。

7. 网民的观点是否存在刻板效应

刻板效应，又称"刻板印象"，是指对事物形成的一般看法和个人评价，认为某种事物应该具有其特定的属性，而忽视事物的个体差异。[129] 董方玉[130]提到通常人们基于共情心理和刻板效应会主观地同情弱势群体，像老人、小孩、妇女等，而一些自媒体可能有目的地满足或者利用民众的刻板效应，强调热点问题里面的差异和矛盾，忽略了对信息的核实，使得涉及弱势群体的报道中，舆情反转现象明显增多，例如"淮南女大学生称扶老太被讹事件"和"山东女快递员丢芒果事件"。

8. 是否发生网络群体极化现象

1961年，美国麻省理工学院教授詹尼斯·斯托纳提出群体极化理论,指在群体决策情境中，个体的意见或决定往往会受群体间讨论的影响,从而产生群体一致性的结果,并且这些结果通常比个体的先前个别意见或决定更具冒险性。[131]也就是人们在听取到别人支持自己原来立场的论据以后，会变得更相信自己的观点，从而采取更极端的立场。可以通过群体极化程度值的大小来判断是否发生了群体极化。如刘茜[132]将群体极化程度值定义为"群体极化程度=极端化言论比率-非极端化言论比率"，若群体极化程度为负数，则视为整体言论呈非极端化状态；若群体极化程度为正数，则视为整体言论呈极端化状态。在舆情事件中往往存在这样的几个小群体，每个群体都存在一种统一的言论，把他们的观点放在一起就会引起争议，这样的舆情事件极易发生反转。

9. 是否进行了议程设置

1963年，伯纳德·科恩提出了议程设置理论，该理论认为在多数场合，媒介也许不能控制人们去想什么，但在引导人们怎么想时却惊人奏效。[133]自媒体往往通过议程设置的作用不断地在新闻网站和客户端上进行相关信息的发布，引起公众对某一热点事件的关注。我们可以通过情感分析的方法来计算情感值的大小，通过对比网民前后情感值的差异来判断媒体是否通过议程设置来左右人们的思想。如果网民前后情感值的差异很大，则极易发生舆情反转。

10. 网民是否对事件进行了带有明显倾向性的预判

当某一热点事件刚被爆出来的时候，部分网民会根据自己的喜好对事件的走势进行预判，对当事人进行评判，去区分所谓的"好人"和"坏人"。我们可以收集统计网民们关于某个事件的支持、反对、中立等有关态度的关键词的评论量，应用模糊聚类分析方法建立某个事件中关键词的模糊聚类模型，预判人们对待舆情事件的态度倾向。[134]但是随着相关信息的逐渐补入，与网民对事件的预判结果大相径庭，于是该事件发生了舆情反转。

另外，是否引起线下事件、事件主体是否多元化、当事人是否中途退场、当事人是否为弱势群体、当事人是否被人肉搜索、政府部门是否介入等特征，虽然在相关系数矩阵热力图中显示相关性相对不强，但是在个别特殊事件中却可以起到反转的决定性作用。例如在"重庆万州公交车坠江事件"中，当事人开始指向轿车女司机和公交男司机，由于公众对女司机这一弱势群体"污名化"的集体记忆被唤起，大量网民跟进导致针对女司机的负面舆情高涨[135]，并且人们集体人肉搜索该轿车女司机及其家人，随着@平安万州（@表示微博名）公布立交桥监控视频，发现轿车女司机是被误解的，女司机中途退场，"广大民众"后来居上，集体反思这次事件所折射出来的问题。

3.2.4   基于生命周期理论的舆情反转演化案例分析

舆情反转是一种特殊的舆情现象，与一般舆情事件相比，有着自身独特的演化周期。本节基于生命周期理论，将舆情反转事件的演化周期分为舆情酝酿期、舆情爆发期、舆情反转期和舆情消退期（如图3.9所示），并提出从这四个时期进行舆情反转现象的治理。

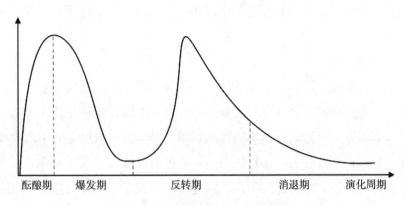

图3.9　舆情反转事件生命演化周期

上节引用的"双黄连口服液可抑制新型冠状病毒事件"起始时间为2020年1月31日晚22:46，短短14分钟，舆情彻底爆发，2020年2月1日07:33时@人民日报、@腾讯医典、@丁香园等主流媒体相继出来辟谣，告诉人们"抑制并不等于预防和治疗，提醒人们不要盲目抢购双黄连口服液"，这时"双黄连事件"出现反转，让本来已经递减的舆情热度再次上升；到2020年2月1日 09:00达到反转高峰，舆情热度为996，随着时间的推移；2020年2月6日上午 09:00 "双黄连事件"彻底结束，人们的关注点向新的热点事件转移。

1. 舆情酝酿期

在社会生活因疫情按下暂停键、公民采取隔离防控的情况下，新闻媒体承担着重要的舆论导向作用。2020年1月31日晚22:46，@新华视点发出了一条"上海药物所、武汉病毒所联合发现中成药双黄连口服液可抑制新型冠状病毒"的新闻。8分钟后，@人民日报转发了这条新闻，并加上了"双黄连可抑制新型冠状病毒"的字样。由于新华视点和人民日报两大主流媒体联合发声，很快使这条新闻成为热搜。在新闻开头提到，"某药物"研究应急公关团队一直在进行新药筛选、评价和老药新用研究，紧接着另一端又开始介绍双黄连药效，并出现"中医认为，现代医学研究认为"等措辞，其中双黄连的疗效是"该团队"老药新用研究的结果还是"中医认为，现代医学研究认为"的结果，不得而知。由此可以看出，媒体从一开始就对相关信息进行了模糊化处理，因此该事件存在反转的可能性。

2. 舆情爆发期

继@新华视点发布"上海药物所、武汉病毒所联合发现中成药双黄连口服液可抑制新型冠状病毒"的新闻后，各大主流媒体纷纷转发了该条新闻。公众一方面因为缺乏基本的医药知识，另一方面又受各大主流媒体议程设置的影响，连夜去药店排队购买双黄连口服液，一夜之间几乎所有药店的双黄连口服液基本都卖脱销，就连京东、天猫几乎所有品牌、店铺的双黄连口服液均显示售罄下架，更讽刺的是连兽用双黄连口服液也被卖光了。"双黄连事件"一时间在微信、微博、新闻客户端等网络平台刷屏，正式全面进入公众视野，网民情绪也被彻底点燃，评论转发和点赞数目呈现出了爆发式的增长，@新华视点在2020年1月31日晚22:46发布的该条微博获得评论30 345条，转发41 041次，点赞545 479次。该条新闻下排名前五的评论内容如表 3.6所示。从评论中可以看出当前事件是存在争议的，争议体现在两方面：一部分人相信该新闻的真实性；而另一部分人不认为双黄连可以抑制新型冠状病毒，所以不要盲目抢购双黄连口服液。

表3.6　新华视点官方微博报道《#新型冠状病毒感染肺炎#【上海药物所、武汉病毒所联合发现中成药双黄连口服液可抑制新型冠状病毒】》位居前五的评论情况一览表

序号	评论时间	微博账号	评论内容	获赞数
1	2020年 2月1日 8:20	@南橘北柚	这文案没毛病啊？也没说能治好啊？就说里面有些成分清热解毒，能抑制此类病毒啊，喝喝增强抵抗力啥的，能预防个甲流乙流就行了，自己没看明白不要都推给小编，那几味中药本来就挺有用，我们这里就有大夫开了中药说是现在预防一下，我七十多的爷爷都知道只是清热解毒强身健体！多看看多思考别老怪别人。	3 603
2	2020年 2月1日 8:27	@追求源于热爱2003	是抑制不是预防	2 364

序号	评论时间	微博账号	评论内容	获赞数
3	2020年2月1日8:30	@价投之道	听朋友说,一大早药店打开门,双黄连口服液就全卖光了,肯定没货了,大家不要再去了,避免出现聚集被传染。	1 949
4	2020年2月1日8:55	@朱一龙的77	看新闻看重点,双黄连是抑制病毒,不是预防病毒。所谓抑制就是你得了这个病以后才能抑制。如果你得了肺炎那你就要去医院了,去了医院医生会开这种药给你,所以不用着急。如果你没得肺炎,你喝这个没有预防效果,而且也会胃寒,会有耐药性,会不舒服。没必要哄抢	1 512
5	2020年2月1日9:23	@发疯的老谭	唉,其实说得挺清楚的了。下次发文还是考虑一下部分网友,只看到他自己想看到的,然后以讹传讹,太可怕了	833

3. 舆情反转期

到2020年2月1日7:33,开始出现关于该事件后续的一些报道,@人民日报发布微博称:"抑制并不等于预防和治疗!特别提醒人们不要抢购自行服用双黄连口服液";WHO(世界卫生组织)做出说明:"目前为止,并没有用于预防和治疗新型冠状病毒的药物";@腾讯医典、@丁香园也陆续出来辟谣,认为现有临床研究数据不足,不建议使用双黄连口服液来预防新冠肺炎,同时指出双黄连过往不良反应的记录;微博大V@高晓松说道:"若需心理安慰,可考虑口服双黄莲蓉月饼或夫妻肺片,我临床实验了一下,副作用不明显";@当时我就震惊了说道:"转发周知,不要再乱买了"。由上述报道可以看出各大主流媒体和意见领袖纷纷为之前的不实信息进行了"纠偏",至此该事件发生反转,在这个过程中观点不断碰撞融合,最终导致网民对该事件预判的倾向性发生改变。本书统计了@人民日报微博下的网友评论,位居前五的评论情况见表3.7,从上述评论可以看出官方媒体在没有核实真相的情况下草率发声,极大地降低了其公信力。

表3.7 人民日报官方微博对"双黄连事件"澄清报道位居前五的评论情况一览表

序号	评论时间	微博账号	评论内容	获赞数
1	2020年2月1日 7:33	@开姆乐宠物羊奶粉	专家说双黄连口服液管用,你们一秒抢光了,专家说不出门,你们咋就跟聋了似的?	216 353
2	2020年2月1日 7:35	@是自发光体呀	说什么的都是你!你作为最大的官媒,不知道发消息要谨慎吗???	126 585
3	2020年2月1日 7:33	@诸葛罡铁	红十字会不查,全国网友不放	131 133
4	2020年2月1日 7:33	@cuteologist	是抑制啊!!你得先有了才能抑制	96 624
5	2020年2月1日 7:36	@Shoran宫主	你个一亿多粉的官媒,自己发什么有什么后果心里没点数?现在发这种是想洗什么呢????	92 376

4. 舆情衰退期

随着社会舆论的不断发酵,从2020年2月1日下午开始,与之前几个阶段某些网络自媒体、微博大V制造谣言、影响舆论走势相比,这个时期的澎湃新闻、央视新闻、头条新闻等自媒体与大V积极引导舆论走向,并且具有一定影响力的专业科普文章相继出现,促使舆论开始向理性回归。例如,《双黄连事件,缘何成为一场"闹剧"?》介绍了"双黄连事件"的始末,并且指出我们要明白在新冠肺炎疫情攻坚阶段,一定要相信祖国,相信政府,紧密团结,才能坚决打赢这场没有硝烟的战争。从2月2日起,"双黄连口服液并非已被确定为预防和治疗新型冠状病毒的适用药物"的相关舆情信息日渐减少,大多数网民开始转向对其他事件的关注,但仍有部分网民停留在此事件上,参与"集体记忆的构建"。到2月6日,该事件逐渐淡出公众视线,舆论趋于平息。

3.3　基于舆情事件演化分析及改进KE-SMOTE算法的舆情反转预测

在3.2节构建的舆情反转预测模型中，提出的很多主观特征取值基于事件整个演化过程，这样就会导致构建的模型出现过拟合和泛化能力不强的问题。另外，在KE-SMOTE算法中，穷举选取最优聚类数导致算法复杂性过高，并且没有对依据聚类中心选取出的少数类代表样本进行优质性评估，不能保证均衡后样本的最优化分布。

本节在此基础上，进一步筛选舆情反转事件的特征。首先，将基于反转事件整个演化过程赋值的特征去除，仅保留可以依据事件反转前的演化特点及演化过程解释的特征；其次，爬取2020年对社会影响较大的舆情反转事件——"罗冠军事件"的微博评论数据，并运用舆情反转事件在反转前的演化特点及演化过程解释所构建的特征，给出每个特征的详细取值依据；再次，对3.2节中使用的671个热点舆情事件，根据提出的取值依据修正保留特征的标注值，并对新增加的特征进行人工标识；接下来，通过设计聚类中心数自动寻优过程，提出改进的KE-SMOTE算法，改进后的算法使得训练过程更为简洁，均衡后的数据离群点更少；最后，基于处理后的舆情事件数据集构建舆情反转预测的集成学习模型，对舆情事件是否有可能发生反转进行预测。

3.3.1　舆情事件特征优化与赋值依据分析

1. 特征优化

舆情反转预测的意义在于提前预知舆情事件是否会发生反转，以便尽早对其进行积极引导，让有反转倾向的舆情事件快速平息。笔者在之前的研究中针对反转事件设计了33个特征，详见3.2节，并据此构建了舆情反转预测模型。在描述舆情事件的特征中，有些特征的取值是基于整个舆情反转过程（包括反转前和反转后）而言的，这些特征在舆情反转前无法精确赋值，导致训练的分类模型中过多利用了舆情反转后的事件信息，影响了模型预测的准确性。本节对3.2节中设计的特征进行详细分析，将描述整个舆情反转过程的特征删除，仅保留可以利用事件反转前的演化特点及演化过程进行解释的特征。共删除12个特征，具体如下：事件主体是否多元、当事人是否中途退场、媒体的报道是否有极性倾向、媒体是否存在首发失实问题、媒体是否存在删帖和道歉的情况、媒体对事件是否有后续的报道、媒体对事件报道的完整程度、网民和官方报道事件内容是否一致、网民前后情感是否一致、是否发生网络群体极化现象、是否存在刷屏现象和政府部门是否介入。

通过分析大量的舆情反转事件，发现舆情事件的当事人身份如果是医生、女性、警察、大学生、快递员等类型，舆情事件发生反转的可能性便会大大增加。另外，若舆情事件在演化过程中出现了次生舆情，则说明该舆情事件的社会关注度很高，对社会的影响力也很大，此时主流媒体就会介入，对衍生出来的舆情事件进行一一核查，因此，这类事件极有可能发生反转。由此可见，事件当事人身份类型和是否产生次生舆情对于舆情反转的预测也具有一定的积极作用，于是本书在删除上述12个的特征的基础上新增加了这两个特征。

运用上述构建的23个特征来描述舆情事件，特征及取值含义如表3.8所示。

表3.8　优化后的事件特征赋值依据

特征	赋值依据
x_1持续时长（天/单位）	$0 \leqslant x_1 < 5$ 1；$5 \leqslant x_1 < 10$ 2；$10 \leqslant x_1 < 15$ 3；$15 \leqslant x_1 < 20$ 4；$20 \leqslant x_1 < 40$ 5；$x_1 \geqslant 40$ 6
x_2事件规模	国内局部 1；全国范围 2；国际范围 3
x_3事件从产生到初次报道的时间差（天/单位）	$x_3 < 1$ 1；$1 \leqslant x_3 < 2$ 2；$2 \leqslant x_3 < 3$ 3；$3 \leqslant x_3 < 4$ 4；$x_3 \geqslant 4$ 5
x_4事件人物的年龄	$0 \leqslant x_4 < 20$ 1；$20 \leqslant x_4 < 40$ 2；$40 \leqslant x_4 < 60$ 3；$60 \leqslant x_4 < 80$ 4；$x_4 \geqslant 80$ 5
x_5首发平台	微博1；微信2；网媒3

续表

特征	赋值依据
x_6转发量	$0 \leqslant x_6 < 5\ 000$ 1；$5\ 000 \leqslant x_6 < 10\ 000$ 2；$10\ 000 \leqslant x_6 < 15\ 000$ 3；$15\ 000 \leqslant x_6 < 20\ 000$ 4；$20\ 000 \leqslant x_6 < 25\ 000$ 5；$25\ 000 \leqslant x_6 < 30\ 000$ 6；$x_6 \geqslant 30\ 000$ 7
x_7评论量	$0 \leqslant x_7 < 5\ 000$ 1；$5\ 000 \leqslant x_7 < 10\ 000$ 2；$10\ 000 \leqslant x_7 < 15\ 000$ 3；$15\ 000 \leqslant x_7 < 20\ 000$ 4；$20\ 000 \leqslant x_7 < 25\ 000$ 5；$25\ 000 \leqslant x_7 < 30\ 000$ 6；$x_7 \geqslant 30\ 000$ 7
x_8点赞量	$0 \leqslant x_8 < 5\ 000$ 1；$5\ 000 \leqslant x_8 < 10\ 000$ 2；$10\ 000 \leqslant x_8 < 15\ 000$ 3；$15\ 000 \leqslant x_8 < 2\ 000$ 4；$20\ 000 \leqslant x_8 < 25\ 000$ 5；$25\ 000 \leqslant x_8 < 30\ 000$ 6；$x_8 \geqslant 30\ 000$ 7
x_9博文数	$0 \leqslant x_9 < 100$ 1；$100 \leqslant x_9 < 200$ 2；$200 \leqslant x_9 < 300$ 3；$300 \leqslant x_9 < 400$ 4；$400 \leqslant x_9 < 500$ 5；$500 \leqslant x_9 < 600$ 6；$x_9 \geqslant 600$ 7
x_{10}影响力指数	$0 \leqslant x_{10} < 20$ 1；$20 \leqslant x_{10} < 40$ 2；$40 \leqslant x_{10} < 60$ 3；$60 \leqslant x_{10} < 80$ 4；$80 \leqslant x_{10} \leqslant 100$ 5
x_{11}事件当事人身份类型	医生1；女性2；警察3；大学生4；快递员5；其他6
x_{12}该事件是否与现实生活联系紧密	是1；否0
x_{13}该事件背后是否带有某种社会情绪	是1；否0
x_{14}事件的相关信息是否被模糊化处理	是1；否0
x_{15}事件当事人是否为弱势群体	是1；否0
x_{16}当事人是否被人肉搜索，并遭遇网络暴力	是1；否0
x_{17}事件是否存在争议	是1；否0
x_{18}是否引起线下事件	是1；否0
x_{19}网民的观点是否存在刻板印象	是1；否0

续表

特征	赋值依据
x_{20}是否进行了议程设置	是 1；否 0
x_{21}内容爆点是否多	是 1；否 0
x_{22}是否产生次生舆情	是 1；否 0
x_{23}网民是否对事件进行了带有明显倾向性的预判	是 1；否 0

2. 特征取值依据分析

本节设计的舆情事件特征包括客观特征和主观特征，客观特征值可以从各类平台直接获取，主观特征值主要以事件在反转点前的演化特点及演化过程为依据进行赋值。

（1）客观特征赋值依据。

如前所述，本节中的舆情事件主要从知微事见、微热点、百度指数等数据平台采集，在这些平台上可以直接获取如下客观特征的数据：持续时长（x_1）、事件规模（x_2）、事件从产生到初次报道的时间差（x_3）、事件人物的年龄（x_4）、首发平台（x_5）、转发量（x_6）、评论量（x_7）、点赞量（x_8）、博文数（x_9）、影响力指数（x_{10}）、事件当事人身份类型（x_{11}）。

（2）主观特征赋值依据。

这里以2020年度比较有影响力的"罗冠军事件"为例，对所设计的主观特征赋值依据进行详细分析。"罗冠军事件"具体概况如下：2020年8月29日下午一网民@加油吧Vicky（实名：梁颖）发布《爱你，才要强暴你》的文章控诉罗冠军强奸了自己，一时之间舆论哗然，网民、媒体纷纷指责"强奸犯罗冠军"。在事发后的几天里，罗冠军本人几乎每天都会收到成千上万个骚扰电话和成千上万条辱骂短信。罗冠军由于受不了种种网络暴力，于是在《罗冠军的呼吁与自白》一文中道出真相，随后梁颖也委托其律师@上海滩小律师发布声明，表示罗冠军并没有强奸自己，同时向公众和罗冠军及其家人道歉。至此，"罗冠军事件"发生反转。

以"罗冠军""梁颖""强奸犯罗冠军"为关键词搜索相关评论，共爬取反转前的微博评论6 320条，去除有"转发微博"字样的评论和只有用户名、标点符号、表情符号等无效评论，以及重复评论，最后剩余有效评论4 697条。部分评论如表 3.9所示。接下来，基于此数据集和舆情反转事件反转前的演化特点及演化过程对12个主观特征进行赋值依据分析。

表3.9　"罗冠军事件"反转前的部分评论数据一览表

序号	评论时间	微博账号	评论内容	情感极性
1	2020/8/29	@唧唧歪歪总裁DAYTOY	我觉得网友们能做的就是把这件事发酵起来，到底谁犯法了交给法律	中性
2	2020/8/30	@遇见叶流西	长成这样不强奸也找不到女朋友	消极
3	2020/8/31	@皮囊和灵魂你都有了	你长的（得）好恶心 看了就想吐！	消极
4	2020/9/1	@呱拉呱	清者自清，让子弹飞一会	中性
5	2020/9/2	@采鱼	以后再不乱站队	中性
6	2020/9/3	@南瓜呀1987s	弟弟加油！	积极
7	2020/9/4	@麻子团购	罗冠军，对不起，当时看梁颖微博脑一热就转发了她的微博……对不起啊！我考虑不周！真的很抱歉！！！	积极

（1）该事件是否与现实生活联系紧密。

2020年8月29日，"罗冠军事件"开始发酵，事件中的当事人之一"梁颖"声称"罗冠军"强奸了自己。于是该事件被打上了"性侵""强奸""猥亵"的标签，这些标签与我们的现实生活有着紧密的联系，也是我们一直关注的话题。

（2）该事件背后是否带有某种社会情绪。

近几年，女性被性侵的事件屡见不鲜，广大网民才刚从"上市公司高管鲍毓明涉嫌性侵养女事件"中走出来，一篇《爱你，才要强暴你》的文章就闯入了人们的视野，部分网民基于对"上市公司高管鲍毓明涉嫌性侵养女事件"中一方当事人"李星星"的可怜及同情，在没有了解清楚事实真相的情况下，主观地认为罗冠军就是"强奸犯"。

（3）事件的相关信息是否被模糊化处理。

在"罗冠军事件"中，梁颖提到罗冠军给自己拍了裸照，罗冠军因梁颖的曝光被银行开除，还有网友称罗冠军是强奸惯犯，并且，在此期间罗冠军搬家三次，工作换了三个，后来罗冠军出面澄清，自己并没有拍梁颖的裸照，没有被银行开除，也不是强奸惯犯，由此看出梁颖对部分信息进行了模糊化处理。

（4）事件当事人是否为弱势群体。

该事件涉及两性关系，《爱你，才要强暴你》的博文一出，博文作者"梁颖"就被广大网民认为是受害者，应该得到同情与帮助。另外，在中国的传统观念里一直认为女性比较软弱，需要保护，该案件的当事人"梁颖"在博文中就把自己塑造成弱势群体的形象，以换取大众的同情。大多数民众认为没有哪个女孩会拿自己的清白污蔑别人，女孩"不会让自己不清白"，所以他们不管逻辑和道理，对女孩陈述的被骚扰或强奸内容深信不疑。

（5）当事人是否被人肉搜索，并遭遇网络暴力。

当事人罗冠军及其父母、姐姐、姐夫、小侄女都被进行了人肉搜索，他们的照片、工作单位、家庭住址、电话都被公开了。罗冠军的微信和电话不断受到骚扰，每天还会收到成千上万条辱骂短信。如@我有故事你有健力宝吗说：不死刑我了解，是为了给受害者看到第二天太阳的机会，但是为什么不能开方（放）物理阉割？怕东西没地方放？我给你买垃圾桶好伐？不要化学阉割，就是要让他全程看着，不麻醉；@墨圈金智妮说：把他手动阉了吧，化学（阉割）太便宜他了，手动阉割尝受痛苦；@陈伟霆我可以说：强奸犯物理阉割，我都说累了，管不好就割以永治，等等。

（6）事件是否存在争议。

梁颖的言辞前后存在种种矛盾，比如，刚开始提到自己八周大的孩子埋在楼下的花坛，后来又说埋在偏僻的寺庙旁，到底埋在哪里是存在争议的。

（7）是否引起线下事件。

该事件一出，富民银行领导约谈了罗冠军，罗冠军为了避免不好的影响而辞职。并且，为了避免给家人和原单位同事、学校同学老师及身边其他朋友带来麻烦，他断掉以前所有的社会关系来到北京，在新公司继续从事小微普惠方面工作，其半年间搬了三次家，换了三个工作。罗冠军一家人白天都不敢出门，只有晚上才敢出来散散步。

（8）网民的观点是否存在刻板效应。

刻板效应，又称"刻板印象"，是指对事物形成的一般看法和个人评价，认为某种事物应该具有其特定的属性，而忽视事物的个体差异。[136]比如，在大多数情况下，人们只要看到有女性受伤害，则不管真相是什么，都会不问缘由地责骂另一方当事人（多为男性）。"罗冠军事件"中的主人公梁颖就是这样被大众所熟知的，并一致认为罗冠军就是强奸犯。如图3.10所示，在该事件反转点前期的消极情绪中，很多网民认为罗冠军"恶心"，是"垃圾"，让其"滚"，希望他"坐牢"。而在罗冠军的《罗冠军的呼吁与自白》发出后，网民开始反思自己之前的行为，于是出现"站队""证据""反转""法律""真相"这样的词语，最后网民意识到自己冤枉了罗冠军，纷纷向其"道歉"。可以看出，网民前面骂罗冠军是"强奸犯"，到后来网民趋于理性、纷纷支持罗冠军，网民表现出来的对罗冠军截然不同的态度，究其原因，是刻板印象在发生作用。

消极　　　　　　　　　　中性　　　　　　　　　　积极

图3.10　"罗冠军事件"反转点前情感极性变化词云图

（9）是否进行了议程设置。

有学者提出了议程设置理论，该理论认为在多数场合，媒体也许不能控制人们去想什么，但是在引导人们怎么想时却惊人奏效。[131]在当事人梁颖的博文发布以后，许多支持梁颖的意见领袖第一时间对相关信息进行传播，例如，@吖吖为罗冠军打上了"强奸犯"的标签，@重庆文娱咨询发布了罗某某人渣之类的博文。在具有负面言论的意见领袖的带领下，2020年8月29日，不明真相的网民为罗冠军打上"强奸犯"的标签，如图3.11所示，消极情绪占比高达81.82%，第二天网民的消极情绪占比达到峰值94.83%。8月31日，在罗冠军发文之后，中性占比达到峰值，在意见领袖进行正面的议程设置的作用下，支持罗冠军的人越来越多，到2020年9月4日，高达89.04%。由此可见，在"罗冠军事件"中，不论是积极的议程设置作用还是消极的议程设置作用都体现得淋漓尽致。

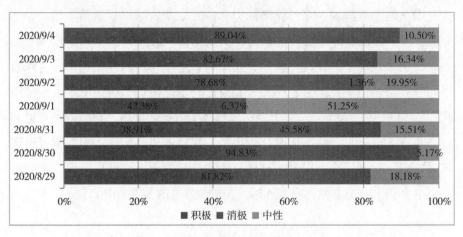

图3.11　"罗冠军事件"情感极性变化情况

（10）内容爆点是否多。

当事人一篇《爱你，才要强暴你》的文章及其后续的博文中提到以下几点：①罗冠军强奸了自己；②罗冠军与其强行确定恋爱关系；③罗冠军还强暴过其他女子；④罗冠军威胁她，如果将此事说出去，就会散布其裸照；⑤自己为了维权雇律师花了2 000万；⑥自己买热搜花了几十万；⑦因为她的曝光，罗冠军被原单位开除。相信大多数人看到这些吸人眼球的信息，都会主观地认为：这是一个不幸被强奸的姑娘要艰难维权的故事。

（11）是否产生次生舆情。

在新媒体时代，热点网络事件的爆发往往会激发民众对事件及其相关人物深入了解的兴趣，促使新的"刺激性因素"出现，并在事件仍具有较高热度时引发新一轮网络舆情，即"网络次生舆情"[137]。"罗冠军事件"被曝出后，"社会性死亡""女权主义"等话题再一次引起民众激烈的讨论，次生舆情频发。罗冠军也因此自称"社会性死亡"，声誉尽毁，工作丢了，家人的生活也大受影响，哪怕最后铁证如山，甚至女方也澄清声明，他受到的伤害也无法获得弥补，始终有人认为"罗冠军是强奸犯"。

（12）网民是否对事件进行了带有明显倾向性的预判。

大多数人很容易被舆情事件的表象所迷惑，例如部分网民在读完梁颖的文章后，倾向于梁颖是一个被"强奸"并且十分可怜的女孩儿。随后，网民又基于之前发生的类似事件，一致认为"罗冠军"就是真的"强奸犯"。接下来，网民开始人肉搜索罗冠军及其家人，并对其进行各种人身攻击和网络暴力，同时一致支持梁颖维权。可是，后来随着罗冠军及梁颖律师的发声，网民才得知自己对于结果的预判是错误的。

通过以上对"罗冠军事件"的实证分析可以看出，本书提出的主观特征在事件反转点前可以获得充分的赋值依据。同时，也可以进一步验证本书删除的特征在事件的反转点前很难获得确切值。"事件主体是否多元"和"当事人是否中途退场"两个特征，在事件全貌不完整的情况下，是无法给出准确值的，例如，"罗冠军事件"中当事人只有"罗冠军"和"梁颖"，整个演化过程中都没有其他人进入或退场，而在"重庆公交车坠江事件"中，当事人"女司机"中途退场，"公交乘客"中途进入舆论场。再比如，对于"媒体的报道是否有极性倾向""媒体是否存在首发失实问题""媒体是否存在删贴和道歉的情况""媒体对事件是否有后续的报道""媒体对事件报道的完整程度""网民和官方报道事件内容是否一致""网民前后情感是否一致""是否发生网络群体极化现象"等特征，需要对比事件反转前后的情况才能够了解，仅仅基于"罗冠军事件"反转点前的演化特点和演化过程及其反转点前的评论数据进行分析，是无法精确赋值的。另外，梁颖委托其律师发布声明，表示罗冠军并没有强奸自己，同时向公众和罗冠军及其家人道歉，"罗冠军事件"发生反转，至此，该事件慢慢退出人们的视线。由此可以看出该事件不需要政府出面，就成功解决了，因此删除"政府部门是否介入"这一特征。

3.3.2　基于改进KE-SMOTE算法的数据均衡处理

如前所述，在真实情境中，舆情反转事件相对较少。本书使用的事件样本数据集中，舆情反转事件与舆情非反转事件比例悬殊，即样本比例不平衡。使用不均衡样本构建的分类模型会降低少数类的分类正确性。3.2节中引入K-means聚类提出KE-SMOTE算法，对事件样本数据集进行均衡处理，进而优化分类器的性能。但是仍然存在以下问题：①没有对选取出的少数类代表样本进行优质性评估，不能保证均衡后样本的最优化分布；②用穷举法选取最优样本使得在样本数目较大时复杂度较高。

针对以上问题，本节提出改进的KE-SMOTE算法，改进点描述如下：①设计启发式的初始聚类中心选取方法解决K-means聚类对初始聚类中心敏感的问题，并引入CH值作为评价指标对所选取的类中心代表样本优质性进行评价，选取最优的少数类代表样本进行数据均衡，保证结果数据分布的合理性（CH指标通过计算类内紧密度与数据集分离度的比值得到，计算速率快，其值越大代表着类自身越紧密，类与类之间越分散，即更优的聚类结果）；②采用一种以折半思想为基础的迭代寻优算法，自动高效地选择较优聚类数，解决人工经验选择准确性低和穷举搜索复杂性高的问题。下面对改进的KE-SMOTE算法过程进行具体阐述。

由于K-means聚类对初始聚类中心非常敏感，因此，为了避免初始聚类中心过于临近而导致最终以聚类中心为代表的样本出现集中分布的情况，本书设计了一种启发式方法对初始聚类中心进行选取，其基本思想是：取尽可能离得较远的事件作为聚类中心。首先我们构造事件集合的距离矩阵D（$|E| \times |E|$），E是事件集合，$|E|$为事件数，$D(i, j)$表示事件i与事件j之间的距离。根据矩阵D和聚类数m，设计初始聚类中心选取过程，如算法HeuristicCentroids所示。

1. 算法HeuristicCentroids

输入：事件集合的距离矩阵D，聚类数m

输出：聚类中心集合centroids

（1）选择D矩阵中最大值对应的两个事件e^1，e^2，并且令centroids$\{e^1$, $e^2\}, j \leftarrow 2$。

（2）$j<m$时，反复执行：

（2.1）$j \leftarrow j+1$；

（2.2）选择与E距离最远的事件e^j，$centroids \leftarrow centroids+e^j$。

在（2.2）步中，选取与事件集合E距离最远的事件e^j的优化函数为：max $e^j \in E$-centroids smin $e^i \in$ centroids D（e^j, e^i）。该优化函数表示：对集合E-centroids中的每一个事件e^k（$1 \leq k \leq |E$-centroids$|$），求出e^k到centroids中所有事件的最近距离d_k，当d_j=max $1 \leq k \leq |E$-centroids$|\{d_j\}$，则e^j即是与$centroids$距离最远的事件。求解该最优函数所需要的渐进时间表达式为：$T=|E$-centroids$| \cdot |$centroids$| \cdot a+|E$-centroids$| \cdot b$，其中a和b为正常数。由于在算法第（2）步执行过程中$|E$-centroids$| \leq m \leq |E|$，且$|E$-centroids$| \leq |E|$，则得到$T \leq a|E| \cdot m+|E|b<a|E| \cdot |E|+|E|b<a|E|^2+|E|b \in O$（$|E|^2$）。事实上，当聚类数$m$远远小于事件总数时，即$k \leq |E|$，则求解最优函数的时间$T \in O$（$n$），即可以在线性时间内选出$m$个初始簇中心。

整个聚类数寻优过程如算法SearchOptimalCenNum所示。

2. 算法SearchOptimalCenNum

输入：事件集合的距离矩阵D，少数类样本数n_{min}

输出：聚类中心集合C

（1）初始化聚类中心数$m=|n_{min}/2|$；

初始化CH指标值CH$\leftarrow \infty$；

初始化阈值$\theta \leftarrow 0.1$；

（2）计算聚类数为m时的簇中心集合C=Heuristic Centroids（D, m）；

（3）clusters$\leftarrow k\_$means（E, C, m）//对事件集合E进行K-means聚类，clusters为聚类结果

（4）计算clusters的CH指标值CH*，并计算d=CH*–CH

（5）若$|d|$<0，算法结束，输出簇中心集合C；

否则，若d>0，则转6；//说明CH值还有较大提升空间

否则，$m=m-m/4$，转2；//说明m的增长幅度过大

（6）若$2m<n_{min}$，则$m \leftarrow 2m$；//以倍率增加m值提高搜索效率

否则，$m \leftarrow m+1$。

图3.12显示了CH指标和聚类中心数随算法SearchOptimalCenNum的迭代次数的变化情况。从图中可以看出，算法选取了一个CH值较高且样本较多的聚类中心数。

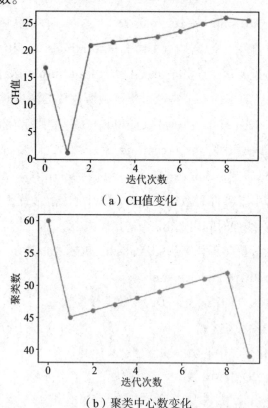

（a）CH值变化

（b）聚类中心数变化

图3.12 聚类数寻优过程中的迭代次数与CH值和聚类数变化情况

根据算法SearchOptimalCenNum生成的聚类数m，利用3.2节中提出的KE-SMOTE算法，对事件样本集进行均衡处理，得到均衡后的各组样本。

原样本分布、采用传统SMOTE算法均衡后的样本分布、采用本节提出的改进KE-SMOTE算法均衡后的样本分布如图3.13所示。可以看出，使用以上自动寻优过程优化后的改进KE-SMOTE算法均衡事件集，生成离群点数目较少，新样本较为集中，与人工选择聚类中心时生成的样本质量差距不大，整体保持了与原样本的分布情况一致，优势明显。

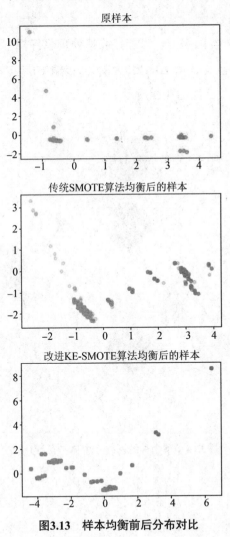

图3.13　样本均衡前后分布对比

3.3.3 模型构建

经过改进KE-SMOTE算法的数据均衡处理，数据集共生成了7组样本，样本生成方法详见3.2节。由于数据特征不同，本节总计训练了两种不同结构的神经网络个体学习器：个体学习器1和个体学习器2。

1. 个体学习器1

三层的Adam神经网络。输入层接收待处理事件样本数据的23个特征，隐含层包含32个神经元，激活函数θ为ReLU；输出层包含1个神经元，激活函数θ为Sigmoid函数，如图 3.14所示。

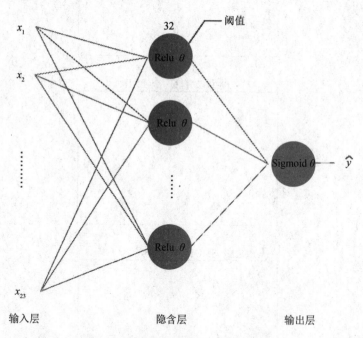

图3.14 单个神经网络（个体学习器1）

2. 个体学习器2

四层的Adam神经网络。输入层接收待处理事件样本数据的23个特征；隐含层1包含16个神经元，激活函数θ为ReLU；隐含层2包含32个神经元，激活函数θ为ReLU；输出层包含1个神经元，激活函数θ为Sigmoid函数，如图3.15所示。

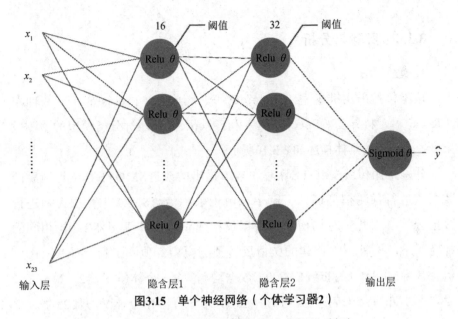

图3.15 单个神经网络（个体学习器2）

整个改进KE-SMOTE分类模型构建流程如图3.16所示。

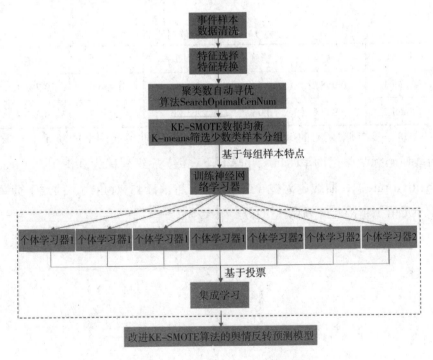

图3.16 改进KE-SMOTE分类模型构建

3.3.4 实验与分析

1. 模型评估

这里仍然采用准确率（Accuracy）、精确率（Precision）、召回率（Recall）、特异度（Specificity）和F-Score值来评价分类模型的预测效果，各个指标的具体描述如表3.10所示。

分别采用传统SMOTE算法和本节提出的改进SMOTE算法均衡后的数据集进行预测模型训练，其中，由于采用传统SMOTE算法无须进行数据分组，因此，对均衡后的数据仅构建了与个体学习器2结构相同的神经网络。两种方法构建的舆情反转预测模型各项评价指标如表3.10所示，其中Model 1为传统SMOTE数据均衡算法+个体学习器2，Model 2为本书改进的SMOTE数据均衡算法+个体学习器1+个体学习器2+集成学习，即改进的KE-SMOTE算法。将预测概率值大于0.75的事件输出为反转事件。

表3.10　评估指标值对比

评估指标	准确率	精确率	召回率	特异度	F值
Model 1	0.958 2	0.540 9	1.00	0.956 0	0.702 1
Model 2	0.997 0	0.967 2	1.00	0.996 7	0.983 3

进一步绘制ROC曲线来评估模型的分类效果，如图3.17所示。ROC曲线横坐标为假正例率（false positive rate）、纵坐标为真正例率（true positive rate），曲线越靠拢（0，1）点、越偏离45°对角线、曲线下面积（AUC值）越接近1，则模型的分类效果越好。

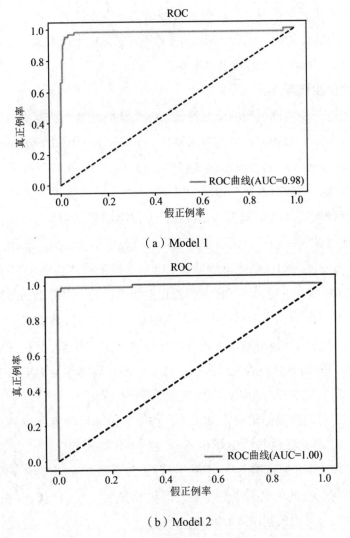

（a）Model 1

（b）Model 2

图3.17 神经网络集成学习分类模型ROC曲线

从图3.17中两个模型的ROC曲线可以看出，模型分类效果都较优。表3.10的模型评估指标值中，两个模型召回率均为1，表示所有反转事件均被预测正确，这与反转预测任务的要求相符。在真实的应用场景中，我们最主要的目标是能够将可能发生反转的事件识别出来，而误将非反转事件识别为反转事件，并不会造成严重影响。Model 2精确度率值偏低，不过从较高的特异度值可以看出，精确率值偏低的主要原因是反转事件相对于非反转事件而言数目差距较大，即便经过数据均衡生成算法，模型对于非反转事件的拟合能力依旧较强。而Model 1的所有指标在训练数据集上都呈现出极高的值，存在极大的过拟合可能性。

2. 实例验证与分析

为了进一步展现模型的泛化性能，本节从微指数、清博指数等平台选取了2021年发生的30个社会类舆情事件，分别采用Model 1和Model 2进行预测验证和分析，具体结果如表3.11所示。

从表3.11中的数据计算得出，以上30个案例中，采用改进KE-SMOTE算法平衡数据后训练的模型（Model 2）预测结果的召回率为1，与反转预测任务的要求相符，精确度值为0.56，特异度值为0.84，总的准确率为86.7%，与测试集的模型评价结果基本吻合。而采用传统SMOTE算法训练的模型（Model 1）则表现了极差的泛化性能，在30个事件上的预测准确率仅为16.7%，证明了模型训练存在严重的过拟合。分析其原因发现，传统SMOTE算法生成的近似新样本过多，在对样本进行筛选时，某些特例样本比例放大，对样本分布改变过大，因此，即便在训练集与测试集中取得了较好的结果，也难以对新事件产生正确的预测结果。

在表3.11的预测结果中，Model 2有4个舆情非反转事件被预测错误，分别是："黑龙江科技大学学生不雅视频遭传播事件""长沙教师招聘男性应聘者4分进面试事件""河南一学校发表熟鸡蛋返生孵小鸡论文事件""网传央美教师徐天华性侵未成年女生事件"。下面从这些事件的异同点对预测结果出现错误的原因进行分析。

表3.11 舆情事件预测结果对比（2021年）

序号	事件名称	预测概率值		预测分类		真实分类
		Model 1	Model 2	Model 1	Model 2	
1	货拉拉女乘客坠车死亡	1	0.941 63	1	1	1
2	杭州辣椒水事件	1	0.953 04	1	1	1
3	成都四十九中一学生在校坠楼身亡事件	1	0.996 22	1	1	1
4	首汽约车平台网约车事件	1	0.982 82	1	1	1
5	马金瑜事件	1	0.985 47	1	1	1
6	广州一特斯拉撞树后自燃	1	0.452 39	1	0	0
7	河南一学校发表熟鸡蛋返生孵小鸡论文	1	0.998 19	1	1	0
8	上海金山区厂房火灾导致8人遇难	0.999 68	0.405 35	1	0	0

序号	事件名称	预测概率值		预测分类		真实分类
		Model 1	Model 2	Model 1	Model 2	
16	国航回应粉丝上闯舱造星飞机事件	0.999 91	0.459 95	1	0	0
17	黑龙江科技大学学生不雅视频遭传播	1	0.983 27	1	1	0
18	长沙教师招聘男性应聘者4分进面试	1	0.990 24	1	1	0
19	内蒙古文旅厅副厅长李晓秋自杀身亡	0.999 97	0.483 50	1	0	0
20	上海一女子持刀杀人致5伤	0.999 80	0.448 44	1	0	0
21	西安一的哥车内猝死仍被贴罚单	0.999 87	0.586 31	1	0	0
22	武汉在校博士后因套路贷自杀	0.999 96	0.480 30	1	0	0
23	重庆一15岁女孩校内坠亡	0.999 87	0.242 27	1	0	0

续表

序号	事件名称	预测概率值		预测分类		真实分类
		Model 1	Model 2	Model 1	Model 2	
9	杀毒软件之父死于巴塞罗那监狱	0.999 59	0.374 00	1	0	0
10	央美教师徐天华性侵未成年女生	1	0.985 85	1	1	0
11	谭鸭血老火锅为泄露肖战行踪公开道歉	0.999 61	0.400 74	1	0	0
12	神舟十二号载人飞船发射圆满成功	0.999 72	0.415 38	1	0	0
13	江西通报专升本考试有关考点作弊事件	1	0.405 89	1	0	0
14	复旦大学数学科学学院党委书记遇害身亡	0.999 88	0.440 31	1	0	0
15	王者荣耀被指侵害未成年人权益	0.999 99	0.460 44	1	0	0
24	B站招聘争议	0.999 89	0.374 52	1	0	0
25	红黄蓝幼儿园幼师发男童诵胸图	0.999 96	0.568 76	1	0	0
26	台铁一列车发生脱轨事故	0.999 98	0.477 61	1	0	0
27	黑龙江15岁女生弑母藏尸冷库	0.996 45	0.482 70	1	0	0
28	河北5名10岁儿童遭校园欺凌	0.999 78	0.430 32	1	0	0
29	江苏一女辅警勒索多名公职人员	0.997 37	0.419 83	1	0	0
30	网传河南一智障女孩嫁给中年男子	0.999 96	0.605 33	1	0	0

（1）相同点。

这些舆情非反转事件被预测为舆情反转事件，主要原因是非反转事件的一部分特征与反转事件对应特征的取值相似性较高。一般情况下，舆情反转事件的转发量、评论量、点赞量和博文数都会明显高于非反转事件，如图3.18所示。但是，这4个舆情事件都有一个吸人眼球的标题，而这些标题又折射出我们日常讨论的社会矛盾和社会乱象，于是就会不同程度地带动网民的社会情绪，进而引发网民在微博上展开激烈讨论。因此，这些事件在转发量、评论量、点赞量和博文数的取值上与舆情反转事件比较接近，被误判为舆情反转事件的可能性也随之增大。

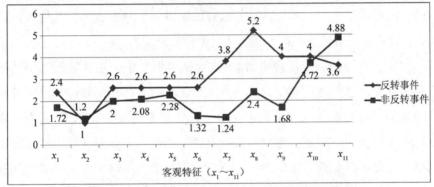

图3.18　舆情反转和非反转事件客观特征取值趋势图

（2）不同点

主观特征是区分非反转事件和反转事件的重要因素，我们统计了本书提出的12个主观特征分别在两类事件中取值为1的比例，如图3.19所示。

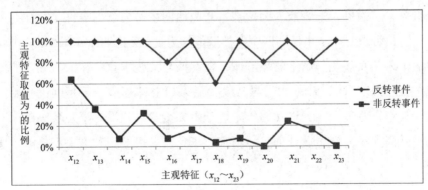

图3.19　舆情反转和非反转事件主观特征取值为1的比例趋势图

从图3.19可以看出，在绝大多数舆情反转事件中，取值为1的主观特征占比均为80%以上；而对于非反转事件，取值为1的主观特征占比则普遍低于40%，说明上述主观特征是舆情事件发生反转的重要因素。

在"河南一学校成功发表熟鸡蛋返生孵小鸡论文事件"中，"当事人是否被人肉搜索，并遭遇网络暴力""内容爆点是否多"和"是否产生次生舆情"三个主观特征取值均为1，是该事件被误判为反转事件的重要原因。事件中提到熟鸡蛋能返生并且还能孵出小鸡，明显违背科学常理，有网友评论道："这事儿伤害性不大，侮辱性极强。"通过人肉搜索的方式，网友发现该论文的第一作者是郑州市春霖职业培训学校校长，这样明显违背常识的论文，该校长是靠什么样的渠道得以发表在《写真地理》杂志上，背后又有着什么样的利益链条，值得我们深思。

"长沙教师招聘男性应聘者4分进面试事件"中，主观特征"事件是否存在争议"取值为1。在2021年5月26日发布的《长沙高新区2021年公开招聘教师资格复审入围人员名单（第一批）》中，有一应聘者4分进入复审，对此，长沙市高新区教育局表示对同一岗位，男女分开招聘是因为目前小学教育中男女教师比例严重失调，而部分学生不够阳刚，阴柔之气过重，提升男性教师的比例有助于改善这一情况。此报道一出，"性别歧视""就业压力大"等衍生话题引起人们激烈的讨论。

近些年，关于女性遭受性侵的案例层出不穷，"央美教师徐天华性侵未成年女生事件"就是其中一例，该事件中的特征"事件当事人是否为弱势群体""当事人是否被人肉搜索，并遭遇网络暴力""事件是否存在争议""是否引起线下事件"四个特征取值均为1。该事件的当事人是一个16岁的未成年女孩儿，属于弱势群体，在女孩与"艺术家"徐天华交往的过程中被"PUA"①"冷暴力"导致女孩后来患上抑郁症，于是网民开始人肉徐天华，并查到徐天华2009年毕业于中央美术学院设计学院数码媒体专业，是国内著名概念设计师、插画家、概念艺术指导。到本书完成前，徐

---

① 现指通过言语打压、行为否定、精神打压的方式对另一方进行情感控制。

天华到底是一个什么样的人仍在继续引发热议。

3.4 舆情反转应对策略

3.4.1 舆情酝酿期：建立网络舆情预警体系

舆情酝酿期处于舆情事件的初始阶段，这个阶段的信息发布者和受众数量有限，信息内容隐蔽[138]，信息传播速度缓慢。网络舆情预警体系是指在社会顺境状态下，在对舆情信息汇集和分析的基础上，所构建的对社会运行接近负向质变临界值的程度所做出的不确定性的早期预报。[139]《中华人民共和国国家安全法》也要求有关部门、机构和专业人员，要加强舆情监管体系，及时对网络安全风险信息进行分析评估，预测事件发生的可能性、影响范围和危害程度，向社会发布网络安全风险预警，发布避免、减轻危害的措施。因此，在反转事件的酝酿期建立网络舆情预警体系是有意义的。

比如，可以通过运用上文中的部分反转指标构建舆情预警体系，根据文献[140]，将预警等级分为严重预警、中等预警、一般预警三种。大多数舆情反转事件"与现实生活联系紧密"，且当事人一般为"弱势群体"，例如"王凤雅事件""红黄蓝幼儿园猥亵儿童事件"和"安徽大学生扶老人被讹事件"中的当事人为"儿童"和"老人"。因此，可以在预警体系中做以下预警设计：①当"刻板效应"在上述两个特征同时存在的基础上发挥作用时，进行一般预警。因为在刻板效应的作用下，公众会对当事人或者事件走向做出各种预判，可能会促使事件偏离事实真相，也可能会加速事实真相澄清；②当舆情事件背后存在某种社会情绪在一般预警的基础上同时发挥作用时，进行中等预警。因为网民一旦不顾事实真相，而是诉诸情绪的表达，就会导致舆情愈演愈烈；③在中等预警的基础上，当网民基于碎片化信息直接对事件结果进行明显倾向性的预判时，极易出现因为预判错误，对当事人身心及名誉造成损害，进而引爆舆情的可能，所以这个时候可以进行严重预警。预警示意图如图3.20所示。

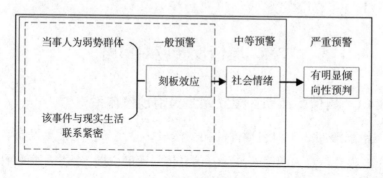

图3.20 舆情酝酿期预警图

3.4.2 舆情爆发期：建立公众–媒体–政府联动的网络舆情应急体系

舆情爆发期处于舆情演化的第二个阶段，通过对近年来发生的舆情反转事件的统计分析，发现有一部分舆情反转事件属于舆情突发类事件，例如2020年发生的"双黄连口服液可抑制新型冠状病毒事件"，该事件从开始发生到进入爆发期，只用了短短14分钟，公众一方面因为缺乏基本的医药知识，另一方面又受各大主流媒体议程设置的影响，连夜去药店排队购买双黄连口服液，于是就会出现人员聚集，加大感染病毒的风险。因此，面对类似突发舆情事件要及时构建"公众–媒体–政府"联动的舆情应急体系，最大限度地减少这类突发事件对公众、社会所产生的负面影响。《中华人民共和国网络安全法》也提出，当发生重大突发事件时，应当立即启动网络应急预案，对事件进行调查和评估，要求网络运营者采取技术措施和其他必要措施，消除安全隐患，防止危害扩大，并及时向社会发布与公众有关的警示信息。

通过前文对舆情反转影响因素的分析，可以从公众、媒体和政府三个方面构建网络舆情应急体系，以应对突发类的舆情反转事件：

（1）公众要时刻保持理性。公众在面对突发类舆情反转事件时，首先不能因为网络存在匿名性特点，就肆意地在互联网空间发表自己的看法。

其次，要基于自己所受的教育及媒介素养，理性地去看待所发生的舆情事件，不胡乱战队，不非理性发声，要等待官方媒体和政府的通报结果。

（2）主流媒体要客观报道事实。在突发类舆情反转事件的应急处理过程中，主流媒体要实事求是、客观地进行报道，"掩耳盗铃"式的虚假报道只会让情况变得越来越糟糕。另外，媒体还要与政府部门联合行动，努力配合政府部门发布官方信息，积极引导舆论，尽可能使舆论朝着一个良性有序的方向发展。

（3）政府要把控舆情方向，加强舆情监管。当突发类舆情反转事件发生时，政府部门要围绕事件展开调查，在调查清楚事实的基础上，把控舆情方向，回应公众舆论关切，采取应对措施，占据话语主动权，使舆情尽快消退。

3.4.3　舆情反转期：建立对次生事件的管控体系

舆情事件进入反转期，通常会出现两种情况：第一种情况是舆情事件的导向发生改变，事实真相得以澄清，事件就此消退；第二种情况是因为舆情爆发期的应急处置中存在问题，使得舆情事件虽然发生了反转，但同时又衍生出了新的事件，也就是出现了"次生事件"。本书在第一种情况舆情事件正常消退的基础上，重点研究第二种情况的应对策略。

最先发生并在蔓延或演化过程中引发其他事件的事件被称作原生事件，而次生事件则是指由原生事件引发的系列相关事件。[141]次生事件往往由原生事件引发，次生事件所产生的舆情则被称为次生舆情。次生舆情有广义和狭义之分，广义的次生舆情是由原生舆情所诱导出来的舆情，因舆情有正负两面，广义的次生舆情也有正负之分；狭义的次生舆情是指当原生舆情是负面网络事件或者可能导致负面次生舆论时，产生的关联舆论的现象，往往会造成更大范围、更深程度的恶性事件。公众诉求得不到满足和对舆情事件回应时机及方式不当等因素都会加速次生舆情的产生，这里重点讨论狭义的次生舆情，并基于次生舆情对舆情反转的影响提出以下应对策略。

1. 满足公众各方面的诉求

当舆情事件发生后，首先需要满足公众的信息诉求。要立足于探求真相，尽可能消除"信息逆差"，降低和减少公众的"习惯性质疑"，依据公众多角度多面向的信息需求发掘和传播事实。[142] 一旦公众对信息的诉求得到满足，就会降低次生舆情事件的产生和传播频次。其次，需要满足公众的价值诉求，随着新媒体平台的迅速发展，要充分保障公民的知情权、表达权和参与权等价值诉求。最后，需要满足公众的利益诉求，随着媒体技术的发展，公众利益诉求越来越多，如果这些诉求得不到满足，必然形成公众情绪上的共鸣，使得情绪凌驾于事实之上，可能衍生出更多的次生舆情事件。

2. 把握合适的应对时机和方式

真相可以步步逼近，但对公众情绪的回应却不容忽视，相较于传统的危机应对，后真相时代的公众情绪呼应与疏导已成为舆情应对的关键。在应对衍生出来的次生事件时，官方媒体或者政府要及时启动应急处置方案，注重对事件的第一次通报时间，并快速准确地回应舆论关切，把握舆情应对的主动权；运用真诚坦率的态度进行对话，以便在官方与民间搭建起心理层面上的认同。

3. 及时加强对次生舆情的管控

面对复杂的次生舆情环境，如果主流媒体没有做到及时疏导回应，那么网络谣言、负面情绪便得不到有效遏制，次生舆情会进一步发酵[143]，同时，新媒体平台数量的逐年增多也增加了次生舆情的传播渠道。为了进一步遏制次生舆情的发酵，相关部门要建立起相对应的监测跟踪机制，做到及时发现、及时处置，尽可能在短时间内终止次生舆情的蔓延，避免媒体和政府的公信力受到负面影响。

3.4.4 舆情消退期：建立对反转类事件的反思体系

舆情消退期处于舆情演化的最后一个阶段，在这个阶段网民情绪趋于理性，反转事件关注度逐渐降低，媒体报道量不断减少，网络舆情逐渐趋于平息。网络舆情反思体系是指通过对之前发生的反转事件的整个演化过程进行反思，从中总结经验教训，进而不断完善相关预防机制及应急预案。

首先，相关部门要认真梳理舆情反转类事件的演化过程，包括反转事件的当事人类型、职业、事件所属类型、特点、起因、危害及应对策略，进一步判断出新发生的舆情事件发生反转的可能性，进而帮助政府及时调整舆论导向，并做出恰当的应对策略；其次，通过收集近年发生的舆情反转事件，建立舆情反转事件的数据库，运用大数据和人工智能技术构建舆情反转预测和分析系统；最后，要提升网民的自我认知水平，培养网民的舆情鉴别能力，提高网民整体的网络素养，增强群众在网络上的社会责任感。[144]

3.5　本章小结

多数网络舆情反转现象对公众、媒体和政府会产生不良影响，因此，准确高效地识别出舆情反转事件迫在眉睫。本章在综述舆情反转现象研究的国内外现状基础上，重点研究舆情反转预测相关模型构建，目标是当出现新的网络舆情事件时，提前预测该事件是否会发生反转，既能帮助政府及时调整舆论导向，又能防止政务媒体的公信力受到负面影响。

首先根据多数学者对舆情反转事件的研究基础，设计与反转事件相关性较大的属性特征，并构建神经网络集成学习舆情反转分类模型，探讨舆情事件在具备什么样的特征组合下会发生舆情反转。利用该模型可提前对舆情事件是否反转做出预判，帮助政府及时调整舆论导向，并做出恰当的应对策略。通过实验结果可以看出，模型的各种评价指标均很优秀，但是经过分析，较好的预测精度背后有一个很重要的原因：一些特征基于整个事件的发生过程。当特征通过整个事件演化过程赋值得到时，主观上增加了反转与非反转事件的区分度，并且，对于新发生的舆情事件，这些特征无法在反转之前精确赋值，模型在实际应用中必然会失效。因此，本章第二部分研究内容则是在此基础上深入分析，进一步对反转事件进行特征选择分析与舆情反转预测模型改进。首先，从舆情反转预测任务的目标出发，对事件特征进行合理增删，保证所有特征都可以在事件反转点前获得精确赋值。其次，进一步改进KE-SMOTE反转预测模型，设计初始聚类中心的启发式生成算法和最优聚类数自动寻优算法，在提高效率的同时，保证了样本均衡质量。接下来，从微指数、清博指数等数据平台选取2021年发生的30个社会类舆情事件进行反转预测，对预测错误的事件进行原因分析。最后，基于构建了舆情反转类事件在每一个舆情生命时期的应对体系，进一步实现对舆情反转类事件的治理。

　　本章的研究还存在一些局限性，例如：①书中未考虑所提特征是否能够全面表征所有舆情事件；②随着舆情反转事件从最初发布到发生反转之间的用时越来越短，可以获取的数据集也越来越少，本书没有深入讨论在这种情况下，提出的特征和模型是否依然有效；③有一部分舆情反转事件属于突发类反转事件，无法运用本书所构建的舆情反转预测模型进行提前预测，当此类舆情事件突然发生时，要采取相应的应急措施，使其尽快进入消退期。未来将在此基础上做进一步探讨，以便更好地为相关部门的决策提供理论依据。同时，也将侧重于舆情分析与机器学习技术更加深度的结合研究，包括：①整合多平台、多源数据，以解决数据量单一和不足问题；②构建事件预训练模型实现舆情事件的特征自动化提取，以解决人工标识数据费力耗时的问题。

第4章　网络暴力类舆情事件演化及预测

　　社交媒体已经成为流行的信息传播平台，各类舆情事件在网络中层出不穷，互联网的可匿名性为网民恣意评论舆情事件和舆情当事人提供了土壤，导致网络暴力事件频频发生。从2018年"南京摔死泰迪狗事件"到2020年"肖战粉丝骂战事件"，由网络舆情演化而来的网络暴力事件传播速度越来越快、涉及领域越来越广、当事人受到伤害越来越大，再次将网络暴力推向热议话题，拒绝网络暴力的呼声也愈发强烈。国家互联网信息办公室在2020年3月1日正式颁布《网络信息内容生态治理规定》，其中明令禁止网络暴力与人肉搜索。日本为遏制日益严重的网络暴力问题，于2020年9月开始出台应对网络暴力的"一揽子"对策，其中最重要的一项就是首次明确规定，网络施暴者的手机号等个人信息可以合法公开，网络平台也有义务在必要时提供上述信息。

　　本章重点分析网络暴力事件的舆情演进阶段、演进要素及演化路径，为政府治理舆情提供理论依据。并进一步梳理2002年至今典型的网络暴力事件，抽取相关特性，针对不平衡事件数据子集，提出一种融合集成噪声识别与SMOTE算法的网络暴力事件预测模型。研究的目标是从理论上拓宽网络暴力领域研究的宽度与深度，从实践上对网络暴力事件进行预警，以便政府进行及时治理。

4.1　网络暴力概述

4.1.1　网络暴力的定义

目前，网络暴力在学术界并没有统一的界定，一些学者从三个方面给出网络暴力的相关概念：一是对网络暴力的描述性界定，即网络暴力是通过互联网对当事人进行道德审判攻击，制造并推动舆论，暴露他人隐私信息，对当事人及身边人造成严重的生活威胁；二是对网络暴力性质的界定，即认为网络暴力是利用互联网技术的一种侵犯他人权益的犯法行为；三是对网络暴力行为的探讨，即网络暴力分为线上与线下行为，线上主要是语言攻击对当事人造成伤害，线下行为主要是暴露当事人信息，对当事人的现实生活造成影响。也有部分学者将网络暴力视为网络失范行为，部分网民往往用自身的价值观判断，站在道德的制高点对舆情事件相关人进行人身攻击与批判，以达到情绪宣泄或是自我满足的虚荣感。

网络暴力亦可有广义与狭义的理解[145]，狭义层面上，网络暴力是指个人或群体对舆情相关人利用暴力性的语言、文字或图片产生生理和心理上的伤害；广义层面上，网络暴力是指与现实生活中的暴力行为所不同的，达到一定规模数量的网民通过社交平台对当事人展开伤害的暴力行为，包括但不限于污蔑、传播谣言、人肉搜索等形式。而网络暴力的产生往往是以网络舆情事件为载体的，因此本章将网络暴力事件概念界定为：在网络舆情事件中，网民通过言语暴力、人身攻击、泄露隐私、人肉搜索、线下攻击等方式对舆情当事人造成一定的心理或生理伤害，将普通的网络舆情事件升级为对某一主体的群体攻击，其结果或扰乱他人正常生活，或破坏互联网生态，或造成其他恶性结果等行为。

4.1.2　网络暴力的表现形式

从近年来发生网络暴力的舆情事件来看，网络暴力的表现形式主要为三方面：一是基于语言失范类的恶性言论；二是行动失范下的人肉搜索行为；三是网络谣言与反转引发的群体极化事件。这些表现形式也可以被视为网络舆情事件的舆论态势发酵升级过程中的结果。

1. 语言失范类的恶性言论

失范，即失去规范，字面意思解释为不规范，不能够严格要求自己；语言失范指的是非正常表达的语言方式，失去了社会道德规范的语言。语言失范类的恶性言论是网络暴力中最为常见的一种暴力形式，由于互联网的特性，在网络空间，话语权的去中心化导致语言失范类的恶性言论具有强大的杀伤力与传播力。与正常的言语沟通方式不同，语言失范类的恶性言论作为一种非正常言论通常针对某一个网络舆情事件，站在道德的制高点，借由自身的价值观与道德观对舆情当事人的行为加以评判，而这种评判往往带有谩骂、嘲笑、诋毁性质，这种带有刺激性的言论不仅无法给舆情事件带来缓和，反而会火上浇油给舆情事件相关人带来的生理上和心理上的双重打击。比如，"文章出轨事件"和"王宝强马蓉离婚案"，网民们对当事人的冷嘲热讽、指责谩骂；"罗一笑事件"和"小凤雅事件"，网民对他们进行质疑与炮轰；"网红打孕妇事件"，网民对网红行为感到气愤并对其展开各种语言轰炸，甚至是向网红家里邮寄花圈；"周子瑜言论与江歌被杀案"，网民对周子瑜、刘鑫（现名刘暖曦）的行为感到义愤填膺而去人肉搜索，这些事件都是普通的网络舆情事件，然而在互联网的持续发酵过程中逐步演变为网络暴力事件。

2. 行动失范下人肉搜索行为

行动失范即行为不受社会道德或社会规则甚至是法律法规的约束而表现出的出格行为。与现实信息搜索渠道不同，网络空间信息发达，不受时间空间等条件的限制，而且对信息搜索者有着极大的隐秘性，因此，网民可以轻而易举展开人肉搜索且不用担心自己行为的暴露，从而肆无忌惮地提供受暴人的相关隐私信息，借由网络空间强大的信息汇集能力和传播能力在极短时间内造成大范围的影响。行动失范下的人肉搜索行为事实上就是一场充斥着谩骂、暴力的道德绑架，在整个过程中，受害者的个人隐私遭受到了不法侵害。2014年上海地铁九号线"咸猪手事件"、2015年"成都女司机被打事件"、2016年"江歌事件"、2018年"高铁霸座男事件"等都是典型的行动失范下的人肉搜索类网络暴力事件，因为舆情当事人的不当作为，引起网民众怒，驱使个别网友扒出其相关隐私信息并公布于众，包括家庭住址、身份证号码甚至是家庭成员信息，这种行为严重损害了当事人和其家人的隐私权和名誉权。

3. 网络谣言与反转引发的群体极化事件

网络谣言产生的原因一部分是网络上利益相关人员为了博取公众眼球，满足自身利益最大化，为自身吸取流量，进而对当前网民所关注的舆情事件恶意发布不实言论，利用网民非理性的道德判断，引发网民对舆情当事人的不满，激发大众的负面情绪从而引起网络暴力事件。舆情反转与网络谣言在一定程度上是相似的，因为网络谣言的攻破就意味着舆情发生了反转，在网络谣言与舆情反转的过程中，随着舆情态势的逐步升级，便会引起网民负面情绪的集中爆发。在这个舆情演化过程中，网民对事件的关注点逐步被错误的网络言论诱导，发生了扭曲变异，从而实施网络暴力行为。比如2017年的"泸州初中生坠楼事件"、"广州十三行许静事件"、2020年"快递员造谣女子出轨事件"都是由网络谣言引发的网络暴力事件。

4. 线下恶性事件

线下恶性事件是网络暴力事件中表现较为严重的一种，其可能涉及法律法规。由于舆情事件的影响进一步扩大，会严重影响到舆情当事人的现实生活，当事人被人肉搜索后网络上存在大量其隐私信息，而有些非理智网友便会利用这些信息对于当事人展开现实攻击。比如2018年"德阳女医生自杀事件"，因为不堪承受网络暴力与现实中的骚扰最后自杀身亡；2019年"网红打孕妇事件"，该网红的爷爷因为此事气绝身亡。

4.1.3　网络暴力事件的类型

网络暴力事件涉及的内容多以社会性事件为主，纵观近几年的网络暴力事件不难发现，每年的网络暴力事件无外乎是涉及社会民生、性与婚姻、意识形态、反腐倡廉等敏感性的社会舆论事件。这些容易引起广泛热议的话题往往有违伦理道德或者违法犯罪，使得网民在道德情感上难以接受。因此，只要有涉及相关的话题，就能够轻而易举地在网络上引起轩然大波。

1. 明星娱乐类

该类型舆情事件是大众关注度较高的事件，网民往往对明星的动态非常感兴趣，尤其是涉及个人情感的问题。因为是公众人物，在大众面前树立着完美的人设，所以大众对他们的要求更高，所有的缺点在互联网上都会被无限放大，当有负面舆情事件发生时，民众的非理性情绪会更加强烈，因此也比较容易发生网络暴力。比如2013年"文章出轨事件"、"郭美美事件"、2015年"何炅吃空饷事件"、2020年"肖战粉丝事件"。

2. 社会民生类

该类型舆情事件是最为常见的一种类型，主要以普通人的生活为主，更能引起大众的共鸣。该事件涉及面较广，涉及人群也比较复杂，如快递员、上班族、网红、医生、孕妇等，这些人群能够更容易吸引大众眼球，博取大众同情。如2020年的"上海地铁凤爪女事件""老人被狗绳绊倒去世事件""上海漫展女子拍照姿势事件"等，这些舆情事件的当事人涉及女性、老人、年轻群体。

3. 涉及政府官员

由于国内的国情，网络上的戾气较重，尤其是涉及政府官员方面，大众对于政府的办事效率、处理方式都有较大的负面情绪。因此，当舆情事件涉及政府官员时，网民的不理智情绪表达会更加强烈。比如，2008年的"警察打死大学生事件"、"最牛县委书记事件"、2012年的"微笑表哥案"等。

4.2 网络暴力国内外研究现状

4.2.1 国外研究现状

国外对于网络暴力的研究较为丰富，大多涉及量化研究，且研究内容多是以网络暴力为主题展开的现实影响研究，较有现实意义。对于网络暴力主体的研究中，Yubo Hou等人[146]通过研究发现，相比于社会地位较低的人来讲，社会地位高的人更有可能发生网络暴力；Adem Peker等人[147]利用网络暴力目录研究网络暴力中不同性别群体的差异，研究发现，男性与女性对网络暴力的风险认知存在差异，女性对网络暴力的容忍度更低，而男性的容忍度较高；Aarti Tlia等人[148]从女性受害者的角度展开研究，通过调查与访问，发现网络暴力的受害者大多是女性，相比于男性来说，她们更容易遭到言语攻击与现实威胁。在网络暴力的现实影响研究中，主要集中在网络暴力对受暴人行为及精神世界的影响，Tuncay Ayas等人[149]对407名受访者做了有关网络暴力受暴人的心理状况调查，最后得出结论：网络暴力会对受暴者的心理产生严重影响，包括抑郁症、社交恐惧、情绪不稳定、自杀倾向等；Ethan M. Huffman[150]认为经历过网络暴力的人会减少在社交网络上的评论与发贴；Martínez-Monteagudo María Carmen等人[151]通过对大学生的问卷调查得出，网络暴力会增加当事人自杀的可能性；Khine Aye Thazin等人[152]对缅甸大学生展开问卷调查，问卷结果表明：40.8%的男性与50.1%的女性都遭受过网络暴力，其中多数人会面临学业困难，甚至增加抽烟酗酒的可能。网络暴力的治理研究主要基于法律法规的视角，Gallardo等人[153]认为可以通过法律的规定来遏制网络暴力的发生，一些发达的欧美国家已经针对网络暴力现象出台了相关法律法规。在网络暴力模型方面的研究较少，Frederik van Broeckhoven等人[42]基于虚拟交互场景来研究暴力行为模式，该场景让青少年在虚拟场景中担任受暴者、施暴者、旁观者等角色并做出真实反映,通过虚拟场景呈现出网络暴力的发生与传播,从而更好地对网络暴力进行治理与预防。

4.2.2 国内研究现状

国内对于网络暴力方面的研究起步较晚,互联网技术出现后,网络暴力才逐渐出现在人们视野,越来越多的学者对这一网络现象开始关注。以"网络暴力"为检索词,在中国知网进行精准检索,截至2021年4月13日共有2 922篇文献,图4.1该领域文献的发表数量变化趋势图。

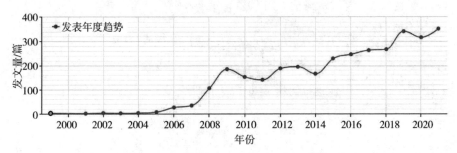

图4.1 "网络暴力"领域知网发文趋势

网络舆情与网络暴力之间的关系是密不可分的,网络舆情的发生与演化往往会滋生网络暴力,以"网络暴力舆情"为关键字在中国知网进行检索,截至2021年4月13日,共检索出129篇文献,文献数目较少。本书通过知网将129篇文献中的关键词导出,并利用Co-Occurrence9.9(COOC9.9)[154]软件进行频次统计,转换为共现矩阵,绘制网络舆情暴力相关研究的主题-关键词的共现图谱,图4.2为国内网络舆情暴力相关研究的主题-关键词共现图谱。

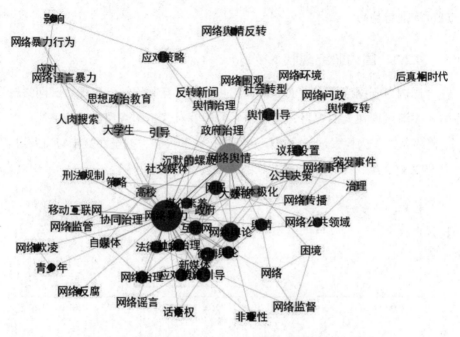

图4.2 网络舆情暴力相关研究的主题−关键词共现图谱

共现图谱中，节点圆越大说明出现的频次越高，节点间的连线粗细代表两者之间的关系紧密程度。整体来看，网络舆情与网络暴力处于中心节点，且两者联系紧密。局部来看，网络暴力相关的研究主要涉及网络舆论、网络谣言、人肉搜索、法律规制等，涉及法律法规是因为网络暴力会触及法律条款，因此网络暴力也涉及法学相关领域。[155,156,157,158]网络舆情相关研究主要涉及舆情反转、社交媒体、群体极化等关键词。而网络语言暴力主要涉及高校舆情方面，与大学生、思想教育、引导等关联性较大。

互联网技术在21世纪初才逐渐进入大众的视野，2004年中共十六届四中全会中提出"高度重视互联网等新型传媒对社会舆论的影响，建立舆情汇集和分析机制"，这一政策的提出使得国内对于新型传媒的发展起到了加速作用。在此背景下，越来越多的学者开始对网络舆情展开研究，而网络暴力相关的研究也逐渐增多，由图 4.1中可看出，2004年之后文献数量开始呈上升趋势。2010年前后，在信息技术飞速发展的背景下，社交平台如雨后春笋般爆发增长，越来越多的人入驻社交平台，从早期的博客到如今的主流平台微博，社交平台逐渐代替传统的媒体形式，成为最高频的信息交流渠道，在各大社交平台上也催生出越来越多的网络舆情事件，由网络舆情演化而来的网络暴力事件也多了起来。由图4.1中可看出在2008年之前，相关文献数量较少，而在2008年后文献数量迅速增长，并在之后稳步提升。主要的文献分布如图 4.3所示。

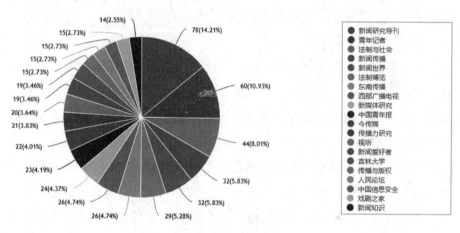

图4.3 文献分布［数量（百分比）］

从文献来源分布上来看，国内对于网络暴力的研究主要以传播学科为视角，经过进一步调研，可以总结其研究内容分为三大方向：网络暴力的传播与内容分析、网络暴力的治理、网络暴力的因果分析。

1. 网络暴力传播与内容

网络暴力传播与内容多是基于案例分析，研究方法以定性分析为主。张微[159]以"德阳女医生自杀事件"为例，探析了网络暴力事件在微博与微信端的传播效果，她认为暴力事件在微博的传播中具有交互性与裂变性，而在微信端的传播具有聚集性与精准性；李华君等人[160]基于2012年至2016年的30起典型网络暴力事件，将网络暴力事件基于内容内涵分为言语暴力、隐私泄露、线下恶性群体性行为，并研究发现网络暴力的空间特征分布不均衡，暴力事件多集中于东部地区；王蓉[161]以"雪莉自杀事件"为例，研究得出结论：网络暴力的传播速度较快，且刺激信息会加剧传播的速度，网民的情感倾向消极情绪。

2. 网络暴力治理

在网络暴力治理的研究中，以政府层面、互联网监管层面、媒体层面、个体层面为切入点，对网络暴力的预防与治理献言献策。廖芷蘅[162]认为应加强网民素养，提高网民的伦理认知，大众传媒应坚守传播者的应有之义，相关的网络部门应加强网络监管；谢心雨[163]认为在伤医的网络暴力事件中，应重视医患关系，保障医生的话语权。

3. 网络暴力因果分析

在对网络暴力因果的分析中，岳江宁[164]从客观与主观两方面展开论证，他认为客观上，网络技术的发达是造成网络暴力的先天条件，主观上是由于部分网民缺乏理智及大众媒体的商业化所致；杨荣智[165]基于"后真相时代"角度展开论证，她认为Web 2.0时代的信息传播去中心化与话语权的转移、网民的从众心理、网络监管不到位、"信息茧房"现象都是造成网络暴力的原因；何文博[166]基于拉斯韦尔"5W"传播理论，从传播主体、传播内容、传播渠道、受众和受众反馈等5个方面展开论述。除了以上的定性研究，也有少数学者对网络暴力展开定量研究，夏睿等人[167]采用调查问卷的形式，对西部大学生参与网络暴力事件的影响因素展开研究，结果表明，影响大学生是否参与网络暴力事件的主要因素包括年龄、性别、是否经常接触网络暴力信息及自身朋友圈对网络暴力的态度等；武琪荣等人[168]基于三元交互理论、沉默的螺旋等理论构建网络暴力行为影响因素模型，包括态度观点、网络环境、主观规范、道德情绪、行为意向、实际行为六个变量，结果表明，观点态度对网络暴力行为影响最显著。

除了以上三方面，还有极少部分学者针对网络暴力语言检测方面展开分析，主要是涉及算法的实现。强澜等人[169]根据网络暴力语言的特点及形式，运用多种机器学习算法设计了一种网络暴力语言检测系统，经过比较，SVM结合N-gram特征的精确率可以达到78%，分类效果最佳；黄瑞等人[170]通过分析网络暴力词汇的特点，建立了网络暴力词汇词典，在卡方统计的基础上提出了一种新的关键词提取算法，提取和暴力语言相关的特定句法结构短语规则，结合词典和规则建立网络暴力语言检测系统。

4.2.3 国内外研究评述

通过整理并研读国内外相关文献可发现，对网络暴力与网络舆情相关的研究国内外学者的侧重点各有不同，采取的方法却大同小异，均以定性与定量相结合的方式对舆情与暴力事件的演化展开研究，但是研究中还有以下不同或是不足之处：

（1）国外对网络暴力的研究多为相对独立的研究，少有与网络舆情相结合进行分析，更多的研究是针对其现实意义的影响，比如网络暴力的主体人群、遭受网络暴力影响的人群生活状态等方面。而国内学者的研究更加侧重于对网络暴力这一现象背后的原因以及如何治理网络暴力，且网络舆情与网络暴力的研究具有密不可分的关系，治理网络暴力的背后其实就是舆情的管控，网络暴力可以说是特殊的网络舆情。

（2）从研究趋势上来看，国外对于网络舆情与网络暴力的研究早于国内，在21世纪初，中国的互联网技术得到高速发展，此时该领域才逐渐得到学者的关注。稍早时候因为数据量的不足，研究多停留在对舆情的表现方式、演化分析上，而近几年随着大数据的发展，国内外对舆情的研究更上一层楼，开始运用大数据技术对舆情的演化、预测、网民的情感变化等进行深入研究，拓展了舆情领域研究的宽度与深度。

（3）国内学者所创作的关于网络舆情与网络暴力相结合的文献较少，多是以传播学、新闻学为学科视角，对网络暴力的产生原因、传播规律、影响危害等方面展开研究，且多是案例分析，研究结果缺少普适性。在涉及技术方面，多是舆情预警的指标体系构建、网民关注度转移分析、舆情传播趋势分析等，而网络暴力方面以暴力语言检测为主，缺少对事件本身的关注。

（4）在研究网络舆情时，情感的演化分析也是目前主流的研究内容，网民情感的变化往往与舆情的演化有着密切的联系，所以研究网民情感的变化对了解舆情、管控舆情有着重大的实际意义。

4.3 网络暴力类舆情事件演化分析

本节分析了网络暴力事件的传播演化，主要从传播特征、传播平台、演化阶段、演进要素及演化路径的维度进行剖析，深度挖掘网络暴力事件的传播演化规律。

4.3.1 网络暴力类舆情事件概况

1. 典型案例

本书主要基于社交平台微博、舆情分析网站知微事见、清博大数据等权威平台及现有文献，搜集所发生过的基于网络舆情演化而来的网络暴力事件，时间跨度较大，从2002年的陈自瑶事件"网络暴力第一案"到2020年的"肖战粉丝事件"，涉及社会的各个领域，如表4.1所示。

表4.1 网络暴力事件

时间	舆情事件	舆情事件类型	表现形态
2002年	陈自瑶事件	明星娱乐	人肉搜索
2006年	虐猫事件	社会民生	言语暴力
	铜须门事件	社会民生	言语暴力、人肉搜索
	流氓外教职工	社会民生	言语暴力
2007年	钱军打人事件	社会民生	言语暴力
	史上最毒后妈事件	社会民生	人肉搜索、言语暴力
	华南虎照事件	涉及政府官员	言语暴力
	张殊凡事件	社会民生	隐私泄露、人肉搜索、言语暴力
2008年	女白领自杀博客	社会民生	人肉搜索、言语暴力
	刘羚羊事件	涉及政府官员	言语暴力
	天价理发事件	社会民生	言语暴力
	兰董事件	社会民生	隐私泄露、言语暴力
	"藏独"女生王千源	社会民生	言语暴力
	江油打人官员事件	社会民生	言语暴力
	范晓华事件	社会民生	言语暴力
	最牛官员别墅群事件	涉及政府官员	言语暴力
	警察打死大学生事件	涉及政府官员	言语暴力
	出国考察门	涉及政府官员	人肉搜索、言语暴力
	最牛县委书记	涉及政府官员	言语暴力

续表

时间	舆情事件	舆情事件类型	表现形态
2012年	微笑表哥案	涉及政府官员	隐私泄露、言语暴力
	房叔案	涉及政府官员	隐私泄露、言语暴力
	雷政富不雅视频案	涉及政府官员	隐私泄露、言语暴力
	高中女生盗窃门	社会民生	隐私泄露、言语暴力
2013年	房姐龚爱爱	社会民生	隐私泄露、言语暴力
	文章出轨事件	明星娱乐	言语暴力
	郭美美案	明星娱乐	隐私泄露、言语暴力
	潘梦莹事件	明星娱乐	言语暴力
	丁某某到此一游事件	社会民生	言语暴力
2014年	上海地铁色狼案	社会民生	隐私泄露、言语暴力
	手术室自拍事件	社会民生	隐私泄露、言语暴力
	蓝翔校长斗殴事件	社会民生	隐私泄露、言语暴力
	毕福剑不雅言论事件	明星娱乐	隐私泄露、言语暴力
	优衣库事件	社会民生	人肉搜索、言语暴力
	成都女司机被打事件	社会民生	人肉搜索、言语暴力
	徐岚求是网评论风波	社会民生	人肉搜索、言语暴力
2015年	乔木举报何炅吃空饷事件	明星娱乐	人肉搜索、言语暴力
	刘翔离婚案	明星娱乐	人肉搜索、言语暴力
	姚贝娜逝世报道手法争议事件	明星娱乐	人肉搜索、言语暴力
	女星杨颖整容风波	明星娱乐	人肉搜索、言语暴力
	袁姗姗滚出娱乐圈事件	明星娱乐	人肉搜索、言语暴力
	毕节儿童自杀案	社会民生	言语暴力
	乔任梁自杀案	明星娱乐	言语暴力
	周子瑜事件	明星娱乐	言语暴力
	柳岩落水事件	明星娱乐	言语暴力
2016年	王宝强离婚案	明星娱乐	人肉搜索、言语暴力、线下恶性行为
	珞珈山炮王案	社会民生	人肉搜索、言语暴力
	林丹出轨事件	明星娱乐	人肉搜索、言语暴力
	刘恺威出轨事件	明星娱乐	人肉搜索、言语暴力
	陈赫离婚事件	明星娱乐	隐私泄露、言语暴力
2017年	周杰林心如互撕事件	明星娱乐	言语暴力
	翟欣欣逼死程序员事件	社会民生	隐私泄露、言语暴力
	榆林产妇跳楼事件	社会民生	言语暴力
	刘鑫江歌案	社会民生	人肉搜索、言语暴力

续表

时间	舆情事件	舆情事件类型	表现形态
2018年	帝师直播事件	明星娱乐	言语暴力
	红黄蓝幼儿园虐童	社会民生	人肉搜索、言语暴力
	何洁离婚案	明星娱乐	言语暴力
	摔死泰迪狗事件	社会民生	人肉搜索、言语暴力
	德阳女医生自杀事件	社会民生	人肉搜索、言语暴力、隐私泄露
	网红Saya打孕妇事件	社会民生	人肉搜索、言语暴力、线下恶性行为
	重庆公交车坠江事件	社会民生	人肉搜索、言语暴力、线下恶性行为
	老师评论《魔道祖师》事件	社会民生	言语暴力
2019年	太原师范学院校园暴力案件	社会民生	言语暴力、线下恶性行为
	河南女童眼中被塞纸片事件	社会民生	言语暴力、线下恶性行为
	平安夜重庆男子跳楼事件	社会民生	言语暴力
	飞机毛毯事件	社会民生	言语暴力
	潘长江不认识蔡徐坤事件	明星娱乐	言语暴力
2020年	肖战粉丝事件	明星娱乐	言语暴力、线下恶性行为
	上海地铁凤爪女事件	社会民生	言语暴力
	老人被狗绳绊倒去世	社会民生	言语暴力、隐私泄露
	上海漫展女子拍照姿势惹争议	社会民生	言语暴力
	季子越发表辱国言论被开除	社会民生	言语暴力、人肉搜索

2. 事件概况分析

由于事件较多，本章选取年代较近，且具有典型性的若干案例进行具体分析。

（1）2016年"王宝强离婚案"。

2016年8月14日王宝强在微博上发表离婚声明，瞬间在网络上引起轩然大波。在声明中写道，他难以容忍妻子背叛婚姻，且出轨的对象是身边的人。一时间马蓉与经纪人宋喆冲上热搜，网友为王宝强打抱不平。随后，马蓉在微博上回应王宝强的声明：欲盖弥彰，善恶自有真相，不是不报，时候未到。这被网民猜测王宝强也有很多黑料。次日王宝强工作室发表声明：王宝强已于北京市朝阳区人民法院正式立案。2016年8月16日，马蓉起诉王宝强侵犯其名誉权，否认王宝强离婚声明中自己与宋喆的婚外情关系，并要求王宝强删博并道歉30天。2016年10月18日，张起淮律师将疑似坐实马蓉出轨的聊天记录上传网络，后被大量媒体与网友转发，马蓉和宋喆遭到了网友们的网络暴力。

（2）2017年"刘鑫江歌案"。

就读于日本东京法政大学的中国留学生江歌于日本当地时间2016年11月3日被闺蜜前男友陈世峰用匕首杀害，就此引发"11·3留日女生遇害案"。2016年11月24日晚间，中国籍男性留学生陈世峰被日本警方逮捕并指控其谋杀中国女留学生江歌。这本是一起普通的刑事案件，但是江歌的最好闺蜜刘鑫（现名刘暖曦）在整个行凶过程中的不作为，甚至是将江歌反锁到门外的行为引起轩然大波，一时间引起网友们的热议。2018年10月15日晚，江歌妈妈江秋莲发文宣布将对其同学刘鑫提起诉讼，刘鑫对江歌的不作为让广大网友义愤填膺，开始了对刘鑫无休止的网络暴力。

（3）2018年"网红Saya打孕妇事件"。

2018年9月9日，杭州一名孕妇在微博控诉称，自己在小区遛狗时被一名网红殴打至先兆早产并住院，而这名打人者是杭州一名坐拥300多万粉丝的网红，打人、孕妇、网红这些关键词一时间在网上引发网友强烈的讨论。孕妇在微博中称，对方不停地对自己展开言语攻击及肢体碰撞。据目击者称，孕妇当场呼吸急促倒地，被紧急送医。9月10日下午，王思聪发微博怒斥该事件网红"Saya"：美丽的皮囊，丑陋的心灵，引起一波舆论小高峰，把该事件推向高潮。而网红在事后也发微博称自己并没有动手，舆情事件出现多次反转，网红和孕妇在整个舆情事件中都遭受到了不同程度的网络暴力。

（4）2018年"德阳女医生自杀事件"。

2018年8月20日，四川德阳的安医生和丈夫去游泳，在泳池里可能由于拥挤不小心或是有意为之，两个13岁的男孩与安医生有了肢体接触，随后安医生让他们道歉，而男生拒绝并朝其吐口水，其老公一怒之下将男生往水里按。之后，男生家属与医生发生了口角与推搡，双方最后报警，安医生老公当场给孩子道歉；2018年8月21日，男生家属闹到安医生夫妻俩的单位，还让领导开除安医生。安医生情绪变得很差。之后，经过网络媒体的传播之后，安医生遭到人肉搜索；2018年8月25日，安医生不堪压力与网络暴力选择了自杀，最后经抢救无效身亡。

（5）2020年"上海漫展女子拍照姿势惹争议事件"。

2020年7月25日，上海漫展一名女子疑似摆出不雅姿势拍照，当场引发路人斥责。事发当时，一名穿着JK（女高中生）制服女子正趴在地上摆姿势，而女子四周围着不少的男性摄影师在拍照。就在此时，一名女生突然冲过来质问：你有病吧，你来漫展搞这种动作，有必要吗？不要再给JK抹黑了，保安呢，保安呢？这一段视频被传到网上之后，引发网友们的热议，部分网友认为涉事的拍照女生在这种场合下拍照姿势的确有伤大雅，对其进行指责，认为她的行为失格，但是也有人指责那位斥责的女生，认为她"管太多"，女生穿多少、用什么姿势拍照是女性的自由。而随后拍照女子也在微博上道歉，引发了一场关于女性自由的骂战。

4.3.2 网络暴力类舆情事件传播演化分析

基于网络舆情的暴力事件的信息传播与演化是在传统媒介传播基础上，依靠网络空间、社交平台进行暴力信息的传递、交流和共享，通过信息的互相传递来传达自身对舆情事件的情感、立场、态度观点。总体而言，网络暴力事件的信息传播与演化是一种散布型网状传播结构，不论是信息的传播方式还是传播的平台，都打破了传统"一对一"的传递模式，呈现出"多对多"的传递模式，网络空间中的任何一个节点都能生产信息，而每条信息都会通过不同的方式渗透到网络空间中的任何角落。因此分析网络暴力事件的传播演化能够摸清该类型事件的信息与演化的传播路径和传播规律，对相关部门引导、管控网络暴力事件有重要的实际意义，且对后文中所提出的网络暴力预测模型也有着重要的理论依据。本小节将从不同的维度，一步一步对网络暴力事件的演化展开分析。

1. 传播演化特征分析

网络暴力事件的传播与演化与普通网络舆情事件具有一定的共性，但是同时又有一定的特性。通过对事件总结归纳分析，本书认为网络暴力类舆情事件的信息传播演化有以下特征：

（1）网络暴力信息的交流互动性。

在现实生活中，暴力信息的传递是单向的，受暴者仅处于被动地位去接受信息，且施暴者与施暴者之间也鲜有信息的交流。而网络暴力信息却有不同，基于网络舆情的网络暴力事件是发生在网络空间中的，以社交平台为传播媒介，其本身的去中心化使得个体与个体之间有极强的交流互动性，在这样的环境下，打破了传统暴力信息的传递屏障，赋予了施暴者与受暴者更多的信息交流与传递的话语权，信息特权不再专属于信息传播者，而和受传者变为平等互动的伙伴。[171]在网络暴力的舆情事件中，施暴者与施暴者之间可以产生信息的交流与互动，找到情感发泄共鸣，在这种交流互动下，网络暴力事件的信息传播被扩大，网络舆论出现叠加效应。

（2）网络暴力信息的多样性。

网络空间中有着海量的非结构化数据，网络暴力的舆情事件中通常也存在各种不同形式的暴力信息，小到文字，大到图片、音频、视频等组合式信息都会给予网民强烈的感官冲击与情感共鸣。这种具有冲击力的信息形式让网络暴力的产生与传播更加迅速。在网络舆情的初期，网民可能通过一张图片就能迅速引爆舆论，比如2017的"白百何事件"，爆料人通过一张照片就让舆论迅速引爆，随后舆情事件的主人公也受到了网民们的网络暴力。网络暴力信息的多样性还表现在施暴者对受暴者的表现形式上，微博、朋友圈、短信等多种渠道都可以运用文字、表情、语音、图片、视频等多种形式的信息载体对受暴者展开言语攻击。因此，网络暴力信息的多样性也是网络暴力事件传播中的一大特征。

（3）信息留存性低。

笔者在搜寻网络暴力事件案例时，发现很多事件发生当时的相关微博内容都已经删除，只有些关于事件的官方报道。对于施暴者而言，他们仅仅是为追随当下的热度，或是一时情绪激动而展开对舆情当事人的网络暴力，当事件热度下降，他们就会随时删除自己的言论；对于受暴者而言，由于个体承受压力的不同，一些舆情当事人在社交平台上发布回应或是道歉后，因不堪网友们的网络暴力会选择关闭评论功能或是直接删除博文。因此，相比于一般的网络舆情事件，网络暴力的舆情事件信息留存性非常低。

（4）事件演化模糊性。

在网络暴力的舆情事件中，舆情事态的演化往往是模糊的，在整个事件的发展过程中存在着大量的不实信息或网络谣言，让网民难以分辨事情的真假，舆情的演化具有一定的模糊性。

（5）事件演化易变性。

事件演化的易变性表现在两方面：一方面是事件本身的易变性，在网络暴力事件中，舆情可能发生一次或多次反转，通常在事件的演化过程中，有许多自媒体或是大V在未知事件全貌的情况下转发事件并对其片面地评论，不经核实就炒作以骗取流量，并引导舆论向错误的方向发展。另一方面是暴力受众的易变性，在舆情一次又一次的反转下，舆论风向变幻莫测，网民施暴的对象也会随着发生变化。在2018年"网红打孕妇事件"中，先是孕妇微博控诉自己被网红打伤住院，网民纷纷声讨网红，并对其展开网络暴力，甚至还有人向其家里寄花圈，但随后又有人发布现场视频，舆情开始发生反转，网友们又去声讨孕妇，指责其借由弱势身份博取同情，并对孕妇实施网络暴力。

（6）传播的极速性和广泛性。

相较于一般网络舆情事件而言，网络暴力事件的传播速度更快、传播范围更广，一方面因为网络暴力事件多是涉及娱乐明星或是一些敏感型议题，这类议题更加容易引起网民的关注度，也更加容易刺痛网民"紧绷的那根弦"[172]，激发民众心中压抑的情绪。对于社会民生类议题，人们会更愿意参与到话题的讨论中，借此抒发心中的道德感和正义感，此时非理性情绪战胜了理性行为，"沉默的螺旋"效应与"群体极化"现象强化了网民的非理性情绪，负面情绪越高涨，舆情传播的速度就越快；另一方面，网络暴力事件会产生许多旁观者，他们并不是网络暴力的制造者，但是他们会出于"看热闹"的心态参与事件的传播，在一定程度上扩大了事件的传播范围。因此，网络暴力类的舆情事件的传播速度更快，传播范围更广。

2. 传播演化平台分析

网络舆情都是以信息传播平台为传播载体的。不同的信息传播平台对舆情的热度也有一定的影响，目前较为主流的信息传播平台是"两微一端"，即微信、微博、新闻客户端。

本书从舆情监测平台知微事见中收集数据，绘制出前文中的五个案例的传播平台相关数据图，分析网络暴力类舆情事件的主要传播平台，为相关舆情治理部门提供理论指导。其中横轴均为时间，纵轴为该时间段各个平台的发文数量，如图4.4所示。

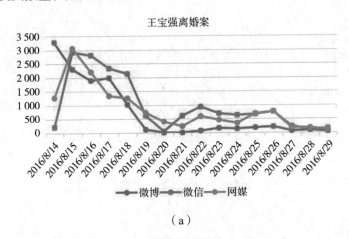

（a）

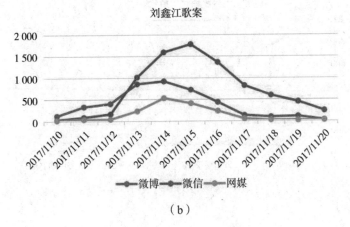

（b）

图4.4 传播平台对比图

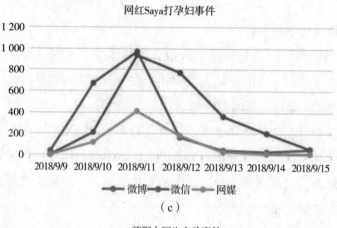

（c）

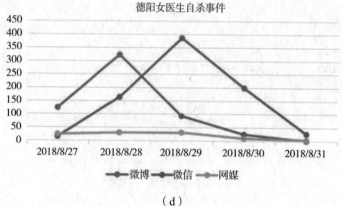

（d）

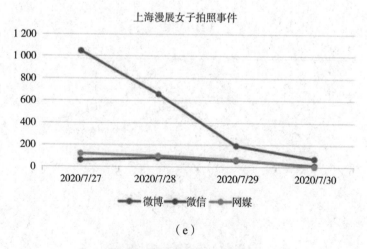

（e）

图4.4 传播平台对比图（续）

从图4.4中可看出，网络暴力类舆情事件初期，都是从微博平台爆发，微博的初始发文数量总是最多的。随着舆情事件的演化，微信平台的发文数越来越高，微信平台的发文渠道主要是微信公众号推送各种相关文章。相比于其他两种渠道，网媒的发文数较少，因为现如今几乎人人都用手机，移动端设备的便捷性是客户端无法比拟的，各大新闻媒体都有自己的微博账户和微信公众号，移动端的推送效率要远远大于客户端。微信凭借其强大的用户基础拥有更多的信息传播量，但是微信平台只能在微信公众号下面展开评论，且参与人员并不多，而微博则可以公开评论文章，甚至是形成规模性的舆论旋涡，微博用户中年轻人较多，参与度更加活跃。因此，对于舆情管控部门而言，出现网络暴力类舆情事件时，要积极从微博平台引导舆情态势，对于微信平台中各大媒体公众号推送的文章也要实时监管，及时辟谣。

3. 演化阶段分析

快餐式的网络空间中充斥着许多事件，但只有少数的热点话题经过激化而形成网民关注的焦点话题，在公众的参与和媒体的推动下，敏感性信息的传播和扩散速度远快于普通信息，在各种力量的汇集和推动下，普通的网络舆情事件就会演化为网络暴力事件。相较于普通舆情事件，网络暴力事件的演化阶段更加复杂，如图4.5所示为网络暴力事件的舆情演化阶段。

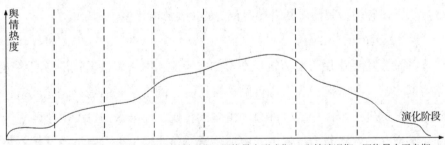

图4.5　网络暴力事件舆情演化阶段

舆情事件经过前期的发酵与彻底爆发之后，随着事件进一步的曝光，网络中充斥着各种谣言信息，借由自媒体的推波助澜，舆情逐渐进入转变期，此时的舆论风向发生转变，舆情滋生各种谣言并发生反转，甚至多级反转，舆论攻击逐渐形成。随着网民的观点进一步统一，舆论攻击聚焦于事件中触及人们道德底线的当事人，网络暴力逐渐形成，在价值观的碰撞下，网民肆意抨击、诋毁、辱骂当事人，甚至由线上转为线下行动，如暴露他人隐私信息、上门送花圈、给当事人邮寄恐吓快递等恶性事件。在2019年"网红打孕妇事件"中，网民对网红殴打孕妇的行为感到非常气愤，甚至有网民向其家属送花圈，对当事人的心理及生理都带来了严重的伤害。当舆情相关部门采取一些引导措施后，舆情慢慢进入消退期，网民的新鲜感与愤怒感逐渐减弱，大部分网民停止舆论表达，网络暴力行为逐渐停止。

4. 演进要素分析

网络舆情事件演化为网络暴力需要多方面因素的促进，本书通过对多个案例的总结归纳，分析得出以下演进要素：

（1）网民关注度要素。

该要素主要作用于舆情传播前期。网络信息量巨大，舆情信息形态呈现出多媒体特征，从单一文本交流发展为图片、音频、视频等多元交流，进一步扩大了信息量。但并非所有舆情事件都能引发网络暴力，只有影响网民切身利益、切合网民关注点、舆情热度足够高的当前公共事件，才能够引起网民讨论，进而产生有倾向性的整体态度和观点，从而由网络舆情事件进一步扩散，进入舆情转变期。网民群体对多媒体网络舆情事件的关注度，即敏感度是舆情向网络暴力转变的重要影响因素。

（2）舆情反转要素。

该要素主要作用于舆情转变期。如前所述，网络舆情反转是指网络舆论空间中的一种状况：公众态度的极速转变，网络空间的信息鱼龙混杂，随着事件的进一步深挖，事件会发生多次转变，而公众的态度也会随之转变。在以往的网络暴力事件中，舆情反转总是伴随发生，舆情的反转让公众产生极大的不满情绪，无论舆情的反转是因为之前媒体的报道失实还是舆情当事人的刻意隐瞒，网民都会将舆论的矛头指向舆情当事人，认为其刻意隐瞒事实、博取他人同情。比如"网红打孕妇事件""德阳女医生自杀事件"都发生过一次或多次反转，在一次次的反转中，网民舆论谴责愈演愈烈，网络暴力的矛头由网红转向孕妇、由女医生转向男童。

（3）舆情谣言要素。

该要素与舆情反转相同，主要作用于舆情转变期。谣言的滋生与舆情的反转有着千丝万缕的联系，在一定程度上而言，谣言的滋生就意味着一定会有舆情的反转，破解谣言即实现舆论反转。[173]在舆情的演化过程中，各路信息满天飞，不良自媒体的恶意煽动与挑拨、媒体恶意裁剪事实制造噱头、网民的蓄意挑动，甚至是意见领袖的"加信"（即增加信息量和信任度）[174]、将谣言的传播信号加强等都会加剧网民对舆情事件当事人的愤怒感，从而导致网络暴力的发生。

（4）舆情类型要素

舆情根据性质可以分为许多类型，不同类型的舆情事件，网民的关注点、关注度、新鲜感、热度都不相同。比如明星娱乐、社会民生、涉及政府官员等，而涉及两性话题的舆情事件更容易引起网络暴力，因为这类舆情事件更容易触及公众的道德底线，引起民众愤怒，在这类舆情事件中网民的不理智情绪更激烈，更易激发网民的消极道德判断进而引起网络暴力。[175]明星娱乐类事件一般热度更高，更能引起网民的关注，因此也较容易发生网络暴力。

（5）网民价值观倾向要素。

网民价值观倾向也可称为意见倾向。[176]网络舆情传播时，舆情演变复杂，网民对其价值观的判断也有偏差。网民意见推动着舆情的发展，舆情的引导与管控、利益相关者、主流媒体网民意见都会影响网民的价值观判断，尤其是意见领袖所形成的被大量转发和讨论的焦点意见。沉默的螺旋效应下，个体的意见被弱化，判断力和辨别力降低，个体意见跟随主流意见，导致网络舆情愈发不可控制。有倾向性的网络舆情包括一个或几个高度一致的意见流，偏向消极的意见流就会使得舆情向网络暴力方向发展。

5. 演化路径分析

通过微博爆料，舆论开始发酵，造成小范围的网民讨论。经过一段时间，微博各种大V开始关注此事并发表看法，自媒体展开大量转发，舆情事件开始形成。舆情事件基本成形后，出现事件的意见领袖，意见领袖的聚焦意见使得舆论热度进一步上升，当热度上升到一定程度，舆情当事人出面回应，进一步扩大了事件的影响范围。随着舆情的复杂演化，出现各种反转现象和网络谣言，舆论风向发生改变。

网络暴力形成阶段，主要涉及道德因素。道德判断是指个人按照一定的道德标准，对事件是否符合道德标准或多大程度上符合道德标准的评价过程。[177]道德判断理论表明，道德判断需要相关信息提供判断对象和依据。[178]而网络谣言与反转信息刺激网民形成消极道德判断，从而发生网络暴力。道德推脱理论认为，道德推脱是个人在实施暴力行为的决策过程中的重要因素[179]，其作为特定的认知倾向，可以减弱，甚至使个体摆脱道德标准在自我道德判断或行为决策中的规范力，从而使个体实施极端暴力行为。道德水平即道德标准，是以道德为中心的记忆经验、行为模式和认知结构，而个体道德水平越低越可能做出暴力行为，道德推脱与道德水平协同影响网民做出网络暴力行为。

网络暴力达到巅峰时，相关舆情管控部门出面引导舆情，舆论开始逐渐消退，网民对事件的愤怒感与新鲜感逐渐褪去，停止舆论的表达与关注。当出现新鲜事物时，网民注意力转移，此时舆情事件基本结束。图4.6为网络暴力事件的演化路径图。

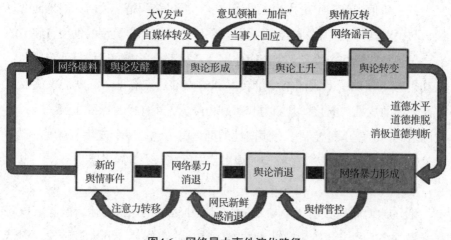

图4.6　网络暴力事件演化路径

4.3.3　实证分析

以"网红Saya打孕妇事件"为例展开具体分析。2018年，一名网红殴打孕妇并致其流产的事件引爆网络，该事件是典型的网络暴力舆情事件，图4.7为该事件的演化趋势图。

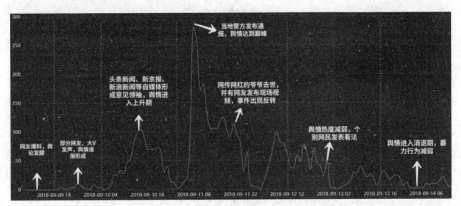

图4.7　"网红打孕妇事件"演化趋势图

2018年9月9日，浙江杭州一位孕妇通过微博控诉称，她和丈夫散步时一条未牵绳的法斗犬朝她猛扑，一旁的丈夫则自卫式地用脚将狗推开。为此，狗主人网红Saya及其母亲上前推搡争执，孕妇表示遭对方辱骂殴打致先兆早产，舆情开始发酵；随后，"揭秘那些破事""网红全扒皮""我们都爱看网红"等一些微博大V转发此事，传播范围进一步扩大，舆情基本形成；9月10日，头条新闻、新京报、新浪娱乐等多家媒体集中报道此事，舆情热度极速上升，以多家主流媒体形成的意见领袖将整个事件的矛头指向网红；9月11日凌晨，"平安滨江"官方发布警情通报，舆情全面爆发，此时，各路信息满天飞，微博自称目击人的人说是网红先动的手，也有人上传视频，称是两家的狗先咬了起来，然后孕妇先动的手，甚至有谣言称网红的爷爷因为此事气急身亡，在各路信息的加持下，整个事件变得扑朔迷离，网民的态度也随着舆论风向时而站孕妇，时而站网红。在经过舆情的转变期后，舆情当事人网红、孕妇，甚至其家人都遭受了严重的网络暴力。该事件的演化路径如图4.8所示。

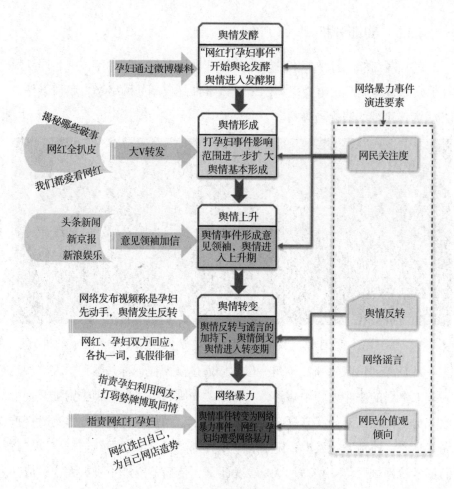

图4.8 "网红打孕妇事件"演化路径图

4.4 网络暴力事件预测研究

上文针对网络暴力事件的演化路径展开分析，并分析了其演进要素，本节在此基础上进一步延伸，构建网络暴力事件的预测模型，用以及时发现向网络暴力方向发展的舆情事件。本书搜集了2002年至2020年的典型网络暴力事件，部分相关指标数据来源于第三方平台知微事见，该平台是目前国内较大的舆情分析平台，数据具有较高的权威性与可靠性。本节的模型框架如图4.9所示。

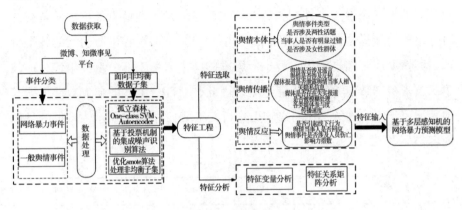

图4.9　模型框架

4.4.1　数据及特征分析

1. 事件选取

本书从学者的文献及舆情监测平台中，筛选出了2002年至2020年典型网络暴力事件共79个，为拟合现实情境中一般舆情事件与网络暴力事件的分布，从舆情监测平台中筛选了208个非网络暴力类的网络舆情事件，从而更加符合现实情境中的数据分布特征，表 4.2所示为部分事件。

表4.2　部分舆情事件

网络暴力类舆情事件	非网络暴力类舆情事件
王宝强离婚案	南京玄武湖并蒂莲被游客摘下
网红打孕妇事件	司机一小时收4张罚单
重庆公交车坠江事件	北京万科精修房玻璃门爆裂伤人
上海漫展女子事件	小龙坎制售地沟油
肖战粉丝事件	中科院多名科研人员辞职
……	……
79个	208个

2. 特征构建

依据前文所分析的演进要素，基于舆情本体、舆情传播、舆情反应三方面抽取网络暴力事件相关特征。舆情本体是指舆情事件本身所具有的特性，舆情传播是指事件在传播过程中和媒体报道过程中所引发的各类特征，舆情反应是舆情发生过程中所触发的结果。由于部分事件年代久远，第三方平台的数值型特征未能采集，因此，对部分事件的缺失数据根据其他特征及当年事件的性质与影响力进行人工填补。表4.3所示为特征的具体内容。

表4.3　特征内容

一级特征	二级特征	特征类型
舆情本体	舆情事件类型 是否涉及两性话题	多元型特征
	当事人是否有明显过错 是否涉及女性群体	二元型特征
舆情传播	舆情是否涉及谣言 舆情是否涉及反转 是否泄露相关隐私信息 媒体是否存在失实报道	二元型特征
	是否被模糊处理	多元型特征
	各类媒体参与度 传播速度	数值型特征
舆情反应	是否引起线下行为 舆情当事人是否回应 舆情事件是否涉及人员伤亡	二元型特征
	影响力指数	数值型特征

3. 特征取值分析

本书对上述事件进行特征赋值，赋值依据如表4.4所示。

表4.4 特征赋值依据

特征	特征赋值依据
舆情事件类型	明星娱乐：1 社会民生：2 涉及政府官员：3 政治经济：4 事故灾难：5 警情通报：6
是否涉及两性话题 当事人是否有明显过错 舆情是否涉及谣言 舆情是否涉及反转 是否泄露相关隐私信息 媒体是否存在失实报道 是否涉及女性群体 是否引起线下行为 舆情当事人是否回应 舆情事件是否涉及人员伤亡	是：1 否：0
模糊处理度	简单：1 模糊：2 非常模糊：3
影响力指数	（0,100）
央级媒体参与度	（0,1）
财经类媒体参与度	（0,1）
科技类媒体参与度	（0,1）
事件持续期间平均传播速度	（0,100）

　　根据特征赋值依据，对381个事件进行特征赋值，其中影响力指数、央级媒体参与度、财经类媒体参与度、科技类媒体参与度、事件持续期间平均传播速度等数值型特征从舆情监测平台知微事见上进行采集，其数据具有一定的客观性与权威性，而对于主观性较大的特征指标比如模糊度处理，根据事件的相关报道与资料，由网络舆情方向的导师和硕士研究生进行赋值。网络暴力部分事件由于年代较远，相关指标未能采集到，这里依

据事件的相关报道及影响对数值进行人工填补。

4. 特征双变量分析

基于舆情本体、舆情传播、舆情反应共提取18个特征，为了进一步分析特征抽取的有效性，提高模型准确率，对18个特征进行双变量分析，观察不同特征对模型分类是否有显著影响，进而剔除无用特征。

针对数值型特征，基于箱线图对一般舆情事件与网络暴力事件不同特征的数值分布展开对比，如图4.10所示，其中1代表网络暴力事件，0代表一般舆情事件。

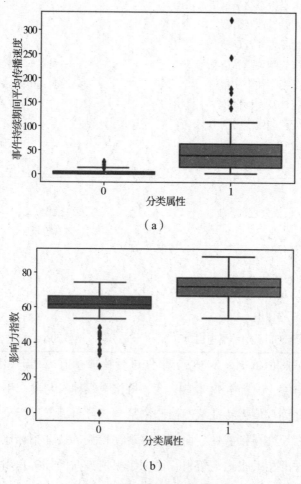

（a）

（b）

图4.10 数值型特征分布对比图

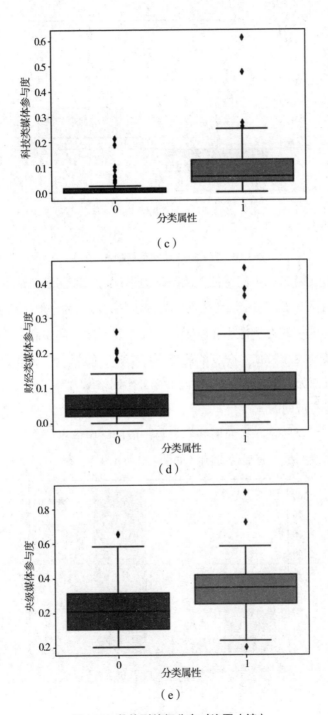

图4.10 数值型特征分布对比图（续）

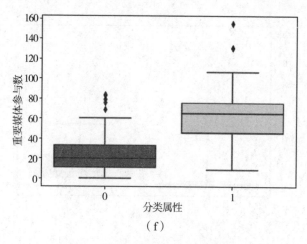

（f）

图4.10 数值型特征分布对比图（续）

从箱线图看来，不同特征下网络暴力事件与一般网络舆情事件的数值分布具有明显不同，图中浅色为网络暴力事件，深色为一般舆情事件，在6个特征中，网络暴力事件比一般舆情事件的数值分布都要高，如事件持续期间平均传播速度特征，在一般舆情事件中，它的分布明显低于网络暴力事件。本书认为，6个数值型特征能够区分出网络暴力与一般舆情事件，对预测模型是有帮助的。

针对二元型特征，按照网络暴力与一般网络舆情事件分组，观察不同特征对预测模型是否有显著影响，如图4.11所示。

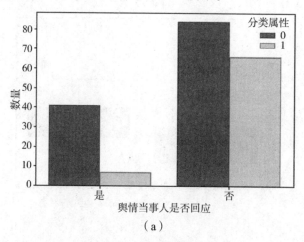

（a）

图4.11 二元特征数值对比

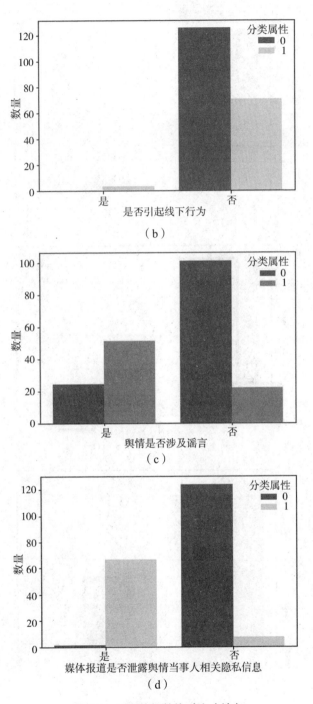

图4.11　二元特征数值对比（续）

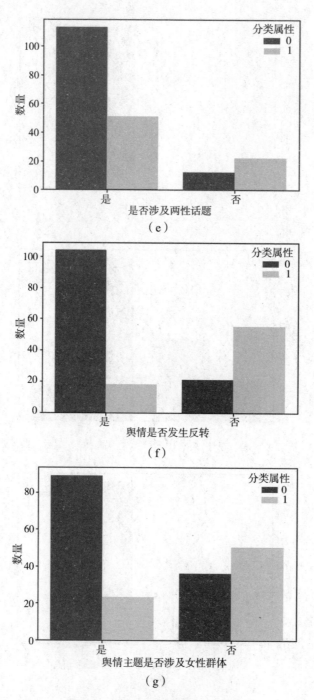

图4.11　二元特征数值对比（续）

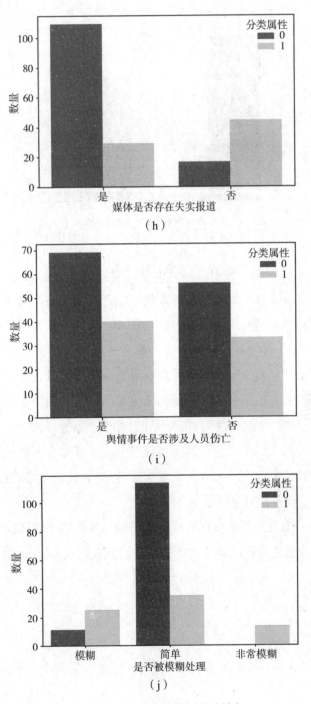

图4.11　二元特征数值对比（续）

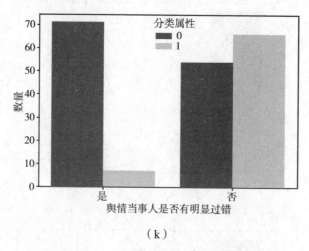

（k）

图4.11　二元特征数值对比（续）

图4.11中纵轴表示每个分类的数量，浅色代表网络暴力事件，深色代表一般网络舆情事件。以图4.11（a）中"舆情当事人是否回应"特征为例，该特征在回应与非回应两个值中都是一般舆情事件多于网络暴力事件，说明这个特征对于区分两者并没有显著的影响。其他特征以此类推，由此可将是否引起线下行为、舆情当事人是否回应、舆情是否涉及人员伤亡这3个特征删除。结合实际，在舆情事件中为了平息或澄清，当事人无论是个人或官方都会给予回应，这一特征区分度并不大。而通过数据发现，在许多一般舆情事件中，尤其是事故灾难类型的舆情，多涉及人员伤亡，因此这一特征也并没有显著影响。

为了进一步观察各个特征对模型的影响与各个特征之间的相关性，通过关系矩阵探索各特征之间的关联，如图4.12所示。

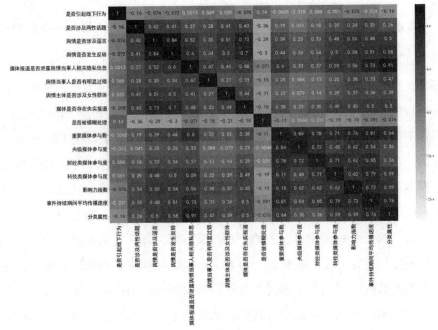

图4.12　特征关系矩阵

从图4.12中可看出，舆情是否发生反转与舆情是否涉及谣言有着极大的相关性，其特征相关系数为0.84，在大多舆情反转事件中都涉及谣言，网民更少关注事件的真实性而导致舆情发生反转。[180]比如"重庆公交车坠江事件""网红打孕妇事件"等，开始舆论的走向不明到最后的真相大白、事件反转、舆论变向，谣言与反转总是密不可分。因此，两者的特征具有拟合性，本书删除舆情是否反转这一特征。央级媒体参与度与重要媒体参与度同样具有0.84的相关度，而重要媒体参与度与分类属性的相关度为0.64，因此本书删除央级媒体参与度这一特征。另外，媒体报道是否泄露隐私信息这一特征对分类结果的影响最大，为0.91，这也符合现实逻辑，网络暴力的最直接表现形式就是受暴人的信息被公开，从而受到外界的信息轰炸。重要媒体参与数、舆情传播速度与网络暴力也具有较高的相关系数，因为网络暴力事件相比于一般舆情事件而言，波及范围较广、社会影响较大，各类网媒都会参与其中，传播的速度也较快。

根据特征分析结果，最终选取13个特征作为预测模型的变量。

4.4.2 融合集成噪声识别与SMOTE算法的网络暴力预测模型

在真实情境中，具有典型性的网络暴力事件较少，本书从微博、贴吧等社交平台及知微事见舆情监测平台获取并筛选了79个网络暴力事件，为进一步拟合现实情境中一般舆情事件与网络暴力事件的分布，从舆情监测平台中筛选了208个一般舆情事件，从而更加符合现实情境中的数据分布特征。在获取的样本中，正负比例接近1∶3，而样本数据不平衡会导致分类模型过多关注样本的多数类，而使得少数类的分类正确性较低，模型的实际应用与泛化能力较弱。面向不平衡子集处理，较为经典的是SMOTE算法，它是基于随机过采样算法的一种改进方案，算法的基本思想就是对少数类别样本进行分析和模拟，并将人工模拟的新样本添加到数据集中，进而使原始数据中的类别不再严重失衡，然而该算法使得原数据中的离群点参与新样本的生成，从而导致新样本的质量不佳。因此，本书提出一种融合集成噪声识别的改进的SMOTE算法对非平衡暴力事件集进行处理，并基于平衡后的数据构建网络暴力预测模型。

1. 融合集成噪声识别与SMOTE算法的不平衡数据处理

本节引入集成噪声识别改进SMOTE算法，将原数据中的少数类样本作为噪声点处理，利用离群点检测算法对数据中的噪声点进行识别，抽取更真实有效的少数类样本，剔除非噪声点数据，提高新样本生成的质量，进而优化预测模型，具体步骤如下：

（1）构建基于投票机制的集成噪声识别算法；

（2）对少数类样本进行噪声识别，保留真实有效的数据；

（3）对每组新样本中的每个少数类样本x，计算x在本组中的k近邻；

（4）根据样本不平衡比例设置一个采样比例以确定采样倍率N，根据N值从x的k近邻中随机选择若干个样本；

（5）对于每一个随机选出的近邻x_n，分别与原样本x按照如下公式构建新的样本：$x_{new}=[x+\text{rand}(0,1) \times |x-x_n|]$；

（6）重复（3）～（5），直到各组样本产生完毕。

为最大程度上保留真实有效的数据，在算法第（1）步中，基于孤立森林算法、One-class SVM（一类支持向量机）、Autoencoder（自编码器）三种目前较为主流的噪声识别算法，构建一种基于投票机制的集成噪声识别算法，即当有两种及以上的方法检测出某条数据为噪声点时，则该条数据就为噪声点。识别结果对比如表4.5所示，由表中可看出，One-class SVM与孤立森林的性能几乎相同，Autoencoder则将79个噪声点全部识别出来，而基于投票机制的集成噪声识别最终保留72个少数类样本，去除7个非噪声点，最大程度上保留真实有效的少数类样本。

表4.5　噪声点识别结果对比

	One-class SVM	Autoencoder	孤立森林	集成噪声识别
噪声点	64	79	66	72
非噪声点	15	0	13	7

融合集成噪声识别与SMOTE算法生成了质量相对较高的新样本数据，对比实验结果如图4.13所示。从图中可看出，与经典SMOTE算法相比，融合集成噪声识别与SMOTE算法生成的新样本中，数据分布的分割效果更好，数据质量更高。

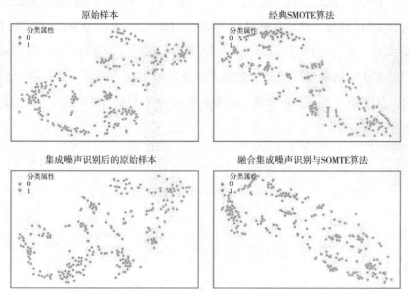

图4.13　样本生成对比图

2. 基于多层感知机的网络暴力预测模型构建

多层感知机结构如图2.2所示，本书选取常用的ReLU函数和Sigmoid函数。其中隐藏层可以有多个神经元，且没有规定层数，可以根据自身需求进行设置。将数据集的80%作为训练集，20%作为测试集，为寻求最佳预测效果，对隐藏层数、激活函数等参数进行寻优，表4.6所示为模型寻优过程。

表4.7 多层感知机寻优过程

隐藏层	神经元	隐藏层激活函数/输出层激活函数			
		Sigmoid/ReLU	Sigmoid/Sigmoid	ReLU/Sigmoid	ReLU/ReLU
1	1	83%	77.5%	81.8%	83.9%
	2	80.8%	78.2%	80.8%	80.2%
	3	88.7%	81.9%	87.3%	80.9%
2	1	74.1%	51.1%	79.1%	51.5%
	2	82.2%	85.2%	80.5%	83.9%
	3	85.3%	83.1%	81.1%	78.9%

由表4.6可看出，当隐藏层数为1，隐藏层中神经元个数为3，隐藏层激活函数为Sigmoid，输出层激活函数为ReLU时，训练的分类器效果最好，准确率达88.7%。因此，采用该参数作为分类器的最优参数。图4.14所示为模型训练历史的敏感度变化，敏感度指标能够反映一个模型对任务的识别能力，从图中可看出，随着训练进程敏感度在不断提升，当epoch为10时，敏感度不再变化。

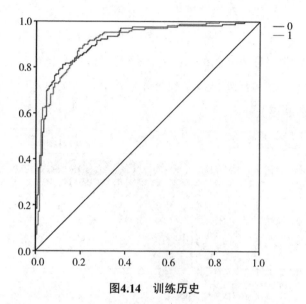

图4.14　训练历史

　　为进一步验证前文提出的融合集成噪声识别与SMOTE算法的优化性，将未改进前的数据输入相同参数的模型中对比实验，如表4.8所示是对比实验结果。

表4.8　训练结果对比

算法	训练集准确率	测试集准确率
经典SMOTE	85.5%	81.6%
融合集成噪声识别与SMOTE	88.7%	87.1%

　　从实验结果来看，相比于经典SMOTE算法，融合集成噪声识别与SMOTE算法在训练集与测试集中的准确率均有所提高，本书提出的网络暴力预测模型能够较准确地预测出舆情事件演化为网络暴力的可能性。

3. 网络暴力关键因素分析

　　根据网络暴力事件的众多特征分析可能导致网络暴力事件发生的重要因素，对政府和互联网监管部门治理网络暴力有很大的现实意义。基于梯度提升算法（gradient boosting）计算每个特征的重要性得分。一个特征越多地被用来在模型中构建决策树，它的重要性就相对越高。特征的重要性根据每个特征分裂点改进性能度量的量计算，由节点负责加权和记录次数。一个特征对分裂点改进性能度量的量越大（越靠近根节点），权值越大；被越多提升树所选择，特征越重要。和单个CART决策树一样，性能度量的评价标准默认是节点的Gini纯度。最终，将一个特征在所有提升树中的结果进行加权求和平均，就得到重要性得分。图4.15所示为最终计算的各个特征重要性得分。

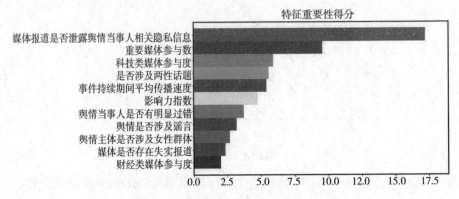

图4.15　网络暴力事件特征重要性排序

　　由图4.15可得出，隐私信息暴露是导致网络暴力发生的最重要因素，媒体参与数、涉及两性话题等也是较为重要的影响因素，这与前文中对特征的相关分析结果吻合，证实了前期分析的有效性。在众多网络暴力事件中，受害人或当事人的隐私信息被不良媒体有意无意公开，比如家庭住址、手机号、所在单位学校等，导致当事人受到大量的言语攻击与短信骚扰，甚至会有线下的恶性行为。如2018年的"德阳女医生自杀事件"，当事人的工作单位被曝光，另一方当事人多次到其单位进行骚扰与谩骂，加上网络上的舆论压力，最后导致女医生自杀身亡。重要媒体参与数、科技类媒体参与度这两个指标都是基于舆情传播层面的，相比于一般舆情事件，网络暴力事件的传播范围会更广，各类自媒体都会参与讨论，科技类媒体的参与则体现了网络暴力事件传播的广泛性。当舆情事件涉及两性话题时，更容易引起网民的热议，尤其是一些娱乐明星的出轨事件，网民对于这类事件的容忍度较低，当事人更容易受到网络暴力的攻击。

4.5　网络暴力类舆情事件治理策略分析

网络暴力类舆情事件的演化过程复杂，影响因素众多，相比于一般的网络舆情事件治理与管控难度更大。前文分析了网络暴力类舆情事件的演化阶段、演进要素、演化路径，根据演化要素构建了网络暴力事件预测模型，本节从多个维度提出具有针对性的网络暴力类舆情事件的防控与治理策略。①基于4.3节对网络暴力类舆情事件的传播演化分析，针对不同演化阶段下的演化特征给出具有针对性的舆情管控策略；②基于提出的网络暴力事件预测模型，根据前文所分析的特征重要性排名，从不同角度给予针对性的防控意见；③从宏观层面上对网络暴力事件的防控与治理献言献策。

4.5.1　基于网络暴力类网络舆情事件传播演化视角

1. 加强网络敏感信息监测

前文分析得出网络暴力类舆情事件在信息的传播上具有信息交流互动性、多样性以及留存性低的特征，因此对于舆情监管部门，首先要把好信息监测这一关，从源头上扑灭网络暴力的火焰。建立网络暴力语言监测系统，当有网络舆情出现时，实时监测其发展态势，若是当一定数量的敏感信息集中爆发时，就应该采取一定的干预或引导措施，让网络舆情朝正向发展，对于那些经常发表网络暴力语言的社交账号进行警告或封号处理，及时删除污染网络空间的不文明用语。

2. 舆情事件分级处理

不同类型的网络舆情事件应当建立不同的监管制度，通过对网络暴力事件的梳理可以看出来，对于明星娱乐类舆情事件，尤其是涉及其情感问题、作风问题都会触发网民们的神经，极易引发网络暴力。因此，对于不同类型的舆情事件，要建立具有针对性的分级处理方法。人民网舆情监测室在2020年9月17日发布的《2020年互联网舆情形势分析与展望》中，根据舆情事件涉及领域不同将舆情事件共分为公共卫生、涉外涉军、脱贫攻坚、政务法治、应急管理、社会民生、经济发展、教科文体等八大领域。对于网络暴力类舆情事件而言，建立不同的分级制度，能够在舆情出现的初期，把控住局势，凭借前期相关治理经验，对后续的治理起到前车之鉴的作用，比如当出现娱乐明星类的网络舆情时，尤其是涉及明星的私生活问题，就要加强舆情的引导，及时回应或辟谣，对网络水军进行举报等。

3. 多平台协同治理

不同的传播平台对舆情的传播都有不同的影响，从前文的分析可得出，大多数网络暴力事件的爆发点都起源于微博平台，而后期的扩散主要是微信平台。因此，从舆情管控的角度来看，不能只是注重于微博平台的引导与管控，更要注重多平台协同治理，从多渠道遏制网络暴力的发生。对于微博平台而言，涉及的舆情相关人要建立官方账号，要及时关注网民的吐槽点，及时回应网民的问题，及时对网络中出现的不实言论进行辟谣，与网民形成良性互动；对于微信平台而言，及时关注各个媒体账号发布的公众号文章，对于不实言论或是带有煽动性的言论进行举报或是删贴处理，防止信息的扩散。

4. 舆情演化分阶治理

网络暴力类舆情事件的不同阶段应当有不同针对性的治理策略，在舆情的发酵期，舆情管控部门应该着重以监测为主，研判舆情走势，此时不应过度干预与引导，应利用舆情监测、信息审核等技术重点监测各个社交平台账号和微信公众号的动态；舆情的形成期，此时舆情已经完全形成，但是并没有形成大规模的网络暴力，此时舆情管控部门应该着重分析网络舆情的类型，对网络舆情进行归类处理，对于网民、自媒体的言论要重点关注，及时处理出现在网络空间里的舆情信息，过滤掉不利于网络舆情发展的言论，防患于未然；舆情的上升期，主要针对一些意见领袖或是龙头型媒体账号比如头条新闻、新京报、人民日报等进行重点监测，舆情上升期主要是意见领袖的"加信"效应使得舆情事件进一步扩散，并将事件定性，因此意见领袖的言论对整个舆情事件后续的走向有着重大的影响，他们的言论若是具有强烈的谴责性或偏向性，那么相关舆情当事人就很可能遭受网络暴力；舆情的转变期就应该着重监测网络谣言的滋生，在出现谣言的第一时间及时出面辟谣，杜绝网络水军发布不实言论，防止舆情发生反转；网络暴力的形成期，此时网络暴力已经大规模发生，网民的非理性情绪集中爆发，舆情管控应当以引导、平息网民非理性情绪为主，舆情相关人应及时道歉、不隐瞒事实真相；舆论消退期与网络暴力消退期，舆情管控部门主要做后期完善工作，对此次舆情事件总结归纳，设立相关制度，防微杜渐，同时也要持续关注后续动态，防止发生次生舆情。

5. 差异化引导网民非理性情绪

网络暴力事件中网民的消极情绪占比较多，尤其是在网络暴力形成期，是网民非理性情绪的集中爆发点，加强引导网民的非理性情绪对引导舆情走向有着非常重大的意义。但是在网络暴力事件中，网民的道德价值观及价值判断各有不同，对不同的行为网友有不同的观点，因此网民的非理性情绪会集中在不同的区域，舆情监控部门可以对网民采取差异化的情绪引导，政府或媒体在传播舆情或是回应民众的过程中，通过议程设置展现舆情事件中积极的一面，给民众渲染出积极的情感，对网络舆情事件中所涉及的热点话题、背后折射的社会问题进行解析，转移网民注意力，缓释网民不同的消极情感，缓解网民的网络暴力行为，把舆情态势往正确的方向引导。

6. 弱化意见领袖的情绪调动

网络暴力事件的舆情传播网络中，意见领袖主要是一些网络大V和新闻媒体比如新京报、头条新闻等，其中大V等意见领袖多为事件的关注者，他们由于信息渠道的限制，信息的获取主要是二手信息，而新闻媒体形成的意见领袖因为有专业的团队，它们所采集的信息均为一手信息，且具有更强的权威性。大V的粉丝比较单一化，粉丝对博主本人的言论具有一定的认同性，所以，它们在传播舆情信息时，要尽可能减少主观情绪的代入，尤其是消极情感的渲染，弱化自身对网民的情绪调动，可以增加对舆情事件本身的客观分析，对事实的解读，同时增加自身社会责任感，杜绝借由自己的影响力来引导舆情走势。对于新闻媒体形成的意见领袖，它们的粉丝结构比较复杂，涉及网络中各个群体，他们并不是因为博主本人的魅力而关注账号，更多的是为了及时了解社会中发生的各种舆情事件，因此，对于新闻媒体意见领袖，它们所担负的责任更重大，网民对它们所发布的信息更加愿意去相信，新闻媒体意见领袖应该最大程度上呈现舆情事件的全貌，杜绝信息发布者个人看法、立场、态度、情感的代入，即使舆情当事人有过错的地方，但是作为官方媒体，要全面辩证地看待，不能一味地对舆情当事人展开批判。

4.5.2 基于网络暴力类网络舆情事件预测视角

1. 保护舆情当事人隐私信息

前文对网络暴力事件的特征重要性进行排名得出隐私信息的暴露是网络暴力发生的最关键因素，因此，对网络暴力事件的防控来说，保护舆情当事人的隐私信息是至关重要的。首先，要加强自媒体人的信息素养，包括强化信息意识机制、强化信息能力机制、强化信息道德机制，通过设立媒体行业道德标准，提高自媒体人的信息认知与道德意识，使其认识到侵犯隐私信息的严重性；其次，也要普及相关领域的法律法规，让广大网民认识了解到侵犯隐私信息是违法行为。

2. 媒体把握好"拇指话语权"

媒体存在失实报道也是网络暴力发生的关键因素之一，媒体在舆情事件的传播过程中担任着先锋的作用，它们的"拇指话语权"更应谨慎使用。网民群体多是年轻人，更容易凭借个人喜好和感受对事件做出判断，也更容易被媒体的议程设置所带偏[181]，主观代入一旦形成难以消除。因此，对于媒体从业者来说，对于信息的发布要进行严格的考察，确定其真实性后才可发布，不能为了蹭热度而盲目发布信息，转发其他渠道信息时要理性辩证地看待，不能代入自己主观情绪，保持自身言论的理性，体现媒体人的专业素养，牢牢把握好手中的"拇指话语权"。

3. 提高网络女性地位

男女平等问题一直是社会中存在的问题，女性地位低是全球各个国家都普遍存在的现象。传统电视媒体为了吸引受众，无论是在报道评论事件中，还是在节目制作的过程中，都自觉或不自觉地传递出迎合主流价值观的刻板印象，现如今传统电视媒体在对女性形象的表现和传播中，仍然表现出对女性形象塑造的刻板印象以及对女性的商品化评价。而在网络空间中，女性获得了更多的话语权，越来越多的女性为平等而发声，因此，网络上涉及女性群体的舆情事件时都会引起或多或少的网络骂战，"重庆公交车坠江事件""网红打孕妇事件""上海漫展女子拍照事件"都是典型的对于女性恶意言论的网络暴力事件，一边网友为女性发声，另一边网友就女司机、女德等问题展开攻击。现实中女性地位低导致网络空间中人们对女性所作所为抱有更大的恶意揣测，女性群体更容易遭受网络暴力，因此对于网络监管者而言，相关部门要加强网络环境建设，提高网络女性地位，对于网民来讲，要使其树立男女平等的价值观。

4. 遏制网络谣言，及时辟谣

网络谣言的滋生也是网络暴力发展的关键因素之一，如何加强对网络谣言的治理是目前舆情管控亟待解决的问题。首先，在网络谣言传播中舆情监管部门应当找准关键人物[182]，即网络谣言的源头，然后利用社交网络工具，分析网络舆情关键人物的网络谣言传播关系路径，把控网络谣言的治理逻辑；其次，宏观层面上，要提高网络舆论主体的媒介素养，包括政府、媒体从业者、网民三个群体。[183]建立完善的网络谣言监测系统，搭建权威且实时的网络辟谣平台，对网络空间中已经产生的谣言进行及时辟谣，删除网络中的不实言论。

4.5.3 基于宏观视角

1. 完善网络暴力相关法律法规

没有规矩，不成方圆，一套体系完整的法律法规是舆情防控与治理的重中之重。网络暴力事件的发生就是因为相关法律法规的不完善，网络空间匿名性、开放性导致部分网民抱有侥幸心理，认为自己网络空间的行为无人可约束、无法可治。不仅对于网民是这样，对于舆情管理部门来说，缺乏完善的法律法规会让执法受到约束，执法无据。因此，完善网络舆情领域法律法规，是防控与治理网络暴力事件的核心任务。从1994年开始，我国就针对互联网治理发布了一系列法律法规，包括《全国人民代表大会常务委员会关于维护互联网安全的决定》《全国人民代表大会常务委员会关于加强网络信息保护的决定》《互联网信息服务管理办法》《互联网新闻信息服务管理规定》等，2013年9月9日，最高人民法院、最高人民检察院发布《关于办理利用信息网络实施诽谤等刑事案件的司法解释》，2020年3月1日正式颁布《网络信息内容生态治理规定》，其中明令禁止网络暴力与人肉搜索，这些法律法规完善了网络暴力行为的一些空白，但是这些相关法律法规仍有许多待完善的地方。日本于2020年9月出台应对网络暴力的"一揽子"对策，其中最重要的一项就是首次明确规定，网络施暴者的手机号等个人信息可以合法公开，网络平台也有义务在必要时提供上述信息。相比于国外，我国相关的法律法规缺乏强制性。首先在立法层面上，应结合我国国内网络暴力现状，明确规定网民的权利与义务，制定一套完善可行的追责制度，确保网络暴力治理过程中违法必究、执法必严；其次要进一步完善相关部门建设、重组体系架构，并建立对舆情相关部门的监督机制，设立舆情管理举报系统，规范内部人员的行为道德与规范。再次，加强对自媒体、新闻客户端媒体等意见领袖的制约，适度把握话语权，培养行业人员的舆情法制观念和风险意识。最后，政府部门要充分做好法律法规的宣传工作，普及与网络舆情及网络暴力相关的法律法规，可以借助明星效应达到宣传效果。

2. 强化舆情治理人才培养

2013年8月19日，中共中央总书记、国家主席、中央军委主席习近平在全国宣传思想工作会议发表重要讲话，强调要把网上舆论工作作为宣传思想工作的重中之重来抓。网络舆论工作是近年来新兴的工作类型，在人才需求方面存在大量缺口，各大高校及舆情研究机构应当设立相关课程，培养舆情分析相关人才，向社会输送高质量的舆情分析师，舆情分析师的专业素养决定了网络舆情的管控效果。因此，强化人才培养是提高网络暴力事件防控与治理效果的重要策略。

3.净化网络道德环境

2018年4月20日至21日，全国网络安全和信息化工作会议在北京召开，会议指出要营造良好的网络生态环境。一个好的网络生态环境离不开网络道德环境的规范，网络暴力事件频发就是网络道德失范、网民道德水平低下的表现。结合我国网络舆论情况，必须要建立一个结构完整、覆盖面广的网络道德规范体系。

第一，着重加强对低年龄群体进行网络道德教育。网络空间中活跃的大多数是年轻一代群体，他们从小就开始接触网络技术，活跃在网络空间中，对于舆情事件的看法与态度都深深受到互联网文化的影响，且他们也处于心理成长期、价值观养成期，因此他们对舆情事件的看法在一定程度上并没有那么理性，有些人容易越过网络道德红线，进而产生网络暴力事件。

第二，全面持续展开网络净化行动。近年来，"扫黄打非"办公室做出专门部署，各地各部门相继开展"净网2019""护苗2019""秋风2019"等专项行动，持续净化网络环境。但是这些净网活动多是针对"黄、赌、毒"信息，而产生在网络舆情中的网络暴力事件并不是一种显性负面信息，它们流通性强、留存性低，很难通过单次净网活动根除，因此，要定期针对这种网络暴力信息的产生者、传播者展开清理专项活动。

第三，出台一套完整的网民道德规范。早在2001年我国相关部门就出台了《全国青少年网络文明公约》，该公约对网民道德规范有一定的约束性，但是仅仅属于框架性内容，未细化落到实处。因此，我国应结合现在网络舆论环境与网民道德水平，制定一个完整的网络道德规范体系：以维护国家安全与公民权益为宗旨，净化网络道德环境作为总纲，正义、平等、和谐为原则，对网络空间中信息传播的方式、宗旨、具体要求细则、适用人群等层面加以具体系统规范。

4. 提升网络暴力监测技术水平

在大数据的背景下，目前网络舆情监测技术也渐渐成熟，包括主题图谱技术、文本挖掘技术、舆情预测技术等。在现有的网络暴力舆情事件监测上，可以结合云计算、5G技术等，使网络暴力事件的实时监测达到一个更高的水平。网络暴力事件的监测不应局限暴力语言监测方面，应增加对半结构化、非结构化数据的处理，比如图像、音频、视频等复杂信息，加快相关技术的研发和迭代。

4.6 本章小结

网络暴力已成为互联网与政府治理舆情的重要部分，网络暴力事件的传播速度之快、影响范围之广，相比于一般舆情事件更加难以防范与治理，因此更加需要统筹网民、自媒体、政府三个层面，建立多维度的协同机制来预防与治理网络暴力。网民要对自身的言语负责，做到换位思考；自媒体在传播舆情时，要坚守道德底线与法制法规，保护当事人的隐私信息；互联网监管部门与政府要完善网络实名认证，对一些特殊话题，比如出轨事件、违背伦理道德事件，给予特别关注，加强该类事件的舆情监管与话语监管。

本章以舆情领域相关理论作为理论基础，以数据不平衡处理技术、预测算法技术作为技术支撑，将网络暴力类网络舆情事件作为研究对象，探究基于网络舆情事件演化而来的网络暴力事件的内在演化规律、演化路径，然后基于前文对网络暴力事件的分析，并根据学者的文献及从网络平台搜集2002年至今的舆情网络暴力事件，结合相关文献，深度剖析网络暴力事件的相关特性，最后基于多层感知机与SMOTE算法提出一种网络暴力事件预测模型。本章的研究结论如下：

第一，通过对相关文献的梳理，发现对网络暴力与网络舆情相关的研究国内外学者的侧重点各有不同，但是采取的方法却大同小异，均以定性与定量相结合的方式对舆情与暴力事件的演化展开研究，但是研究中还有以下不同或是不足之处：国内外对网络暴力的研究多为相对独立的研究，少有与网络舆情相结合进行分析。

第二，针对本书所要研究的内容对网络暴力进行概念界定；将网络暴力表现形式分为语言失范类的恶性言论、行动失范下的人肉搜索行为、网络谣言与反转引发的群体极化事件、线下恶性事件；将网络暴力事件类型分为明星娱乐类、社会民生类、涉及政府官员三种类型。在理论层面上，将生命周期理论与沉默的螺旋理论始终贯穿在整个网络暴力事件的演化过程中。

第三，整理近年来的网络暴力事件，通过归纳总结从多维度展开对网络暴力事件的演化分析，传播演化主要从传播特征、传播平台、演化阶段、演进要素及演化路径的维度进行剖析，深度挖掘网络暴力事件的传播演化规律。

第四，将网络舆情与网络暴力看作一个动态发展的过程，将其割裂为两种不同的状态，基于机器学习的算法来构建一个网络暴力预测的模型，剖析在网络舆情向网络暴力事件演化的过程中，哪些因素促使其演变。根据前文的研究，构建一系列的指标体系，并在处理非均衡数据时，提出一种融合集成噪声识别与SMOTE算法。

最后，从网络暴力类舆情事件传播演化、网络暴力事件预测模型及宏观视角下这几个维度提出具有针对性的网络暴力类舆情事件的防控与治理策略。

本章研究存在一定的局限性，主要表现在：首先是在网络暴力典型事件的选取上，由于篇幅有限，选取的事件并不能完全代表所有网络暴力事件，给后续的研究结论带来一定的局限性；其次，根据网络暴力事件所总结归纳的演化阶段、演化路径等结论，虽然对网络暴力事件的研究具有一定的普适性，但是现实中基于网络舆情演化的网络暴力事件错综复杂，并不能完全代表所有的网络暴力事件，有些结论有待进一步验证；最后，本书所提出的网络暴力事件预测模型在特征赋值时，涉及一些主观特征，虽然已经秉承专业、客观的态度对赋值人员进行筛选，但是不可避免地会存在个人主观的代入。

在未来的研究中，第一，要进一步扩大样本的选取，增加结论的普适性；第二，采用更加成熟先进的深度学习技术，第二，在构建网络暴力事件预测模型上，对于特征的选取，增加更多客观数据的特征，减少人为因素的影响。

第三部分

政府媒体在网络舆情演化中的
传播力与影响力研究

　　前文从舆情现象识别角度进行舆情预测，在研究视角上，侧重于舆情事件中的事件和网民主体，可以辅助包括政府在内的相关单位通过各类媒体平台进行及时有效的舆情引导与管控。通过研究发现，不同的媒体平台对于舆情的传播力和影响力是不同的，特别是当面向突发舆情事件，出现不良的舆情预警时，相比于传统的传播途径，政务媒体具有更强的传播力与影响力。因此，政府应充分发挥政务新媒体受众广和权威性强的优势，在突发事件引起不良舆情时，使其能够在舆情治理中起到积极引导的作用。本部分主要从政府视角研究如何对舆情进行应对和引导，以政务新媒体为平台，从不同平台在舆情传播中的情感导向和政务宣传中的适宜度两个方面展开研究。

第5章　政务新媒体在突发舆情事件中的情感传播与用户体验研究

如前所述，伴随着Web 2.0技术的高速发展，各类社交媒体涌现在人们的生活当中，人们热衷于将自己的观点发表在各个社交平台上。网民的活跃性也带动了政务媒体的爆发式增长，从2011年开始，我国的政务媒体发展迅速，尤其是以微博为代表的社交媒体，各个政府部门开始在微博上注册官方媒体，因此2011年也称为"政务微博元年"。截止到2019年6月，我国在线政务服务用户高达5.09亿，占网民整体的59.6%，经过新浪微博平台认证的政务媒体13.9万个。因微博的时效性强，各级地方政府都通过微博发布事件通报及一些实事报道，政务微博已经成为一种新型官民互动平台。除了微博，近年来随着短视频平台的井喷式爆发，更多网民开始进入短视频平台，根据《第44次CNNIC中国互联网报告》，短视频用户规模达到6.48亿，占网民整体的75.8%，各大政务媒体也纷纷在各类短视频平台上注册官方媒体账号。2019年6月发布的《政务短视频发展研究报告》中指出，截止到2018年9月14日，已有170个网警单位注册抖音政务号，并建立联合工作矩阵。[184]

在面向突发舆情事件时，相比于传统的传播途径，政务媒体对舆情的传播更具有传播力与影响力。政府的情感导向及用户的情感表现与舆情事件的走势有着高度的关联，但是不同类型的政务媒体在同一平台或者同一类型的政务媒体在不同平台对同一事件的报道侧重点不同，导致情感传播特征与用户情感体验也不尽相同。本章以微博、抖音为研究平台，基于深度学习情感分析技术，通过从"同平台、不同政务媒体"与"跨平台、同

—政务媒体"的"双维度"视角对政务媒体的情感传播特征及用户的情感体验进行研究，为提高政务媒体传播力提供新视角与新方法。

5.1 政务媒体与情感传播研究综述

在对政务媒体的研究中，国内外学者大多为量化研究与定性描述，研究主题集中在政务社交媒体的信息传播、影响因素、评价体系上。[185] 目前国内在政务媒体领域的研究主体上可分为两大类。第一类是对政务媒体本体进行研究，包括政务媒体的影响因素、影响力指标体系构建[186,187,188]、信息传播质量评价体系[189,190]等。在对政务信息传播的研究中，朱晓峰[191]从政府支付转移的视角，探析了上级政府政务信息的公开与下级政府政务信息公开的关系。第二大类主要是政务媒体在网络舆情治理方面的传播研究，主要是基于一些突发事件下的实证研究：王国华等人以"12·31"上海外滩踩踏事件为例，对政务微博如何应对舆论危机进行了研究[192]；陈世英以"8·12"天津港爆炸事故为例对政务微博信息发布策略展开分析[193]；唐梦斐等人以上海踩踏事件为例对政务微博辟谣效果展开研究[194]。姜景等人[195]基于突发事件，以微博政务与抖音政务为研究对象，从发文量、内容分析、"爆点"三个方面展开了对比分析，该文侧重于对抖音政务与微博政务的异同点分析，但文中仅选取了中国消防一个政务媒体，缺乏样本多样性。针对政务媒体在情感传播方面的研究较少，章震等人[196]选取了13家中央级政务抖音账号，从发文内容上对其展开情感传播特征的研究，但并没有对用户的情感体验做进一步分析。

通过对政务媒体领域的文献梳理可以看出，目前政务媒体主要以传播学为学科研究视角，研究方法多是量化研究及定性描述，研究集中在政务媒体信息传播、政务媒体影响力评价等领域，对于网络舆情下政务媒体的研究偏向政府治理、舆情治理等方面。在情感分析与政务媒体相结合的应用上，也有学者基于情感变化展开对舆情事件演化的研究。[197]总体来看，虽有学者对特定类型的政务媒体进行情感传播特征的研究，但是对用户的情感表现并没有进一步研究，缺乏对突发事件下不同类型政务媒体的情感传播及用户情感表现的具体分析。本章将聚焦突发事件下不同类型、不同平台政务媒体的情感传播特征及用户的情感表现。

5.2　研究框架及研究设计

本章以突发公共卫生事件为背景，分别从政府视角和用户视角对微博平台下不同类型政务媒体进行分析研究。政府视角下，在袁光峰[198]提出的情感分析框架中增加主题分类和情感导向，并引入社会网络分析技术，研究不同类型政务媒体的情感传播特征及规律；用户视角下，基于深度学习技术构建长短时记忆网络情感分类模型，对用户评论展开情感分析。根据分析结果，发现用户情感体验与政务媒体博文情感导向之间的关联关系，为提高政务媒体的传播力提供新视角和新策略。具体的研究框架如图5.1所示。

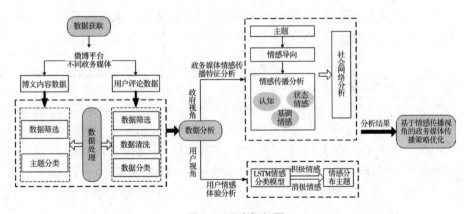

图5.1　研究框架图

5.2.1　研究事件与数据选取

研究对象与事件：本节的研究对象为微博平台下的不同类型政务媒体，以《2019年政务微博指数报告》[199]中所给分类及排名作为选取原则,选取三个不同类型的政务媒体,分别是:共青团中央(全国中央类机构微博排名第二)、中国警方在线(全国十大公安类微博排名第一)和中国消防(全国十大应急管理类微博排名第一)。事件的选取是2019年牵动全国人民内心的新型冠状病毒肺炎事件。

选取原则:此次突发公共卫生安全事件影响范围之广、时间持续之久是中国历史上罕见的,不同类型政务媒体纷纷持续大量报道跟进,为本章的研究提供了充足的研究空间。

数据获取与预处理:数据选取2020年1月29日至2020年2月9日之间共12天的相关数据。数据包括博文内容文本数据与用户评论数据两大类,其中用户评论数据分为训练数据与预测数据。

训练数据:通过在微博平台中搜索关键词"新冠肺炎",利用网络爬虫技术获取不同微博下的评论数据。通过数据筛选、去除无效字符等数据清洗操作,共得到9 671条有效数据,将数据分为两类,分别是积极情感评论(正样本)4 132条,消极情感评论(负样本)5 539条。数据标签的分类原则为:带有祝福、致敬等字眼且语句所表达的意思为正能量的视为正样本;含有造谣、道歉等字眼且语句所表达的意思偏向不满与指责意味的视为负样本。样本数据示例见表5.1。

表5.1 训练语库

积极情感评论	消极情感评论
做人的标杆,人类的楷模!	造谣者该抓就抓,营销号该封号就封号,利用疫情搞得网络乱七八糟的
祝福!医护人员辛苦了!!!	严查严惩造谣生事,断章取义的媒体!!!
感谢每位平凡的普通人!大家一定要坚定心中的信念,相信国家。	不负责的武汉市政府,武汉中心医院,武汉公安局。李医生呢,能平反不
愿你们平安健康!逆行者们加油!武汉加油!中国加油!	必须道歉,不然不足以平民愤!!
希望这个世界多一些爱和温暖,隔离病毒但不隔离爱	肿瘤医院的人都去了,我们癌症转移病人化疗做不了,也是等死啊!!!救命!!!
……	……
4 132条	5 539条

预测数据：利用爬虫技术爬取微博共青团中央、中国警方在线和中国消防三个政务媒体下2020年1月29日至2020年2月9日共12天所发关于新冠肺炎报道的评论数据，共计57 491条数据。

5.3　实验分析

5.3.1　政务媒体情感传播分析

袁光峰学者基于公共舆论中的情感表达，在现有文献的基础上提出了一个情感分析框架，该分析框架主要包含四种要素：媒介、认知、基调情感和状态情感。其中，媒介即信息的环境载体，通常可以是电视、报纸、互联网等，本书研究的数据载体都为互联网；认知，即公众对于普遍规律的认识导致对某一方面有相同或类似的态度，比如对于爱情，人们的普遍认知都是美好的；基调情感，在舆情事件的导向下，由事件的性质而影响整个大环境下的情感基调；状态情感，是指在具体某一情境下，民众所爆发出来的情感是一种动态的情感。

这里以袁光峰提出的情感分析框架中的认知、基调情感、状态情感三个方面为基础，引入主题分类和情感导向：首先对博文内容进行主题划分，共分为案件通报、正能量传递、防疫科普、政民互动四大类，然后根据情感导向将案件通报分为正向案件与负向案件。同时，引入社会网络分析技术，将不同的情感状态与博文主题作为节点，情感关系作为边，用Gephi软件对政务媒体情感传播进行社会网络分析。

三种政务媒体的情感传播分析如表 5.2所示。

表5.2　情感传播分析表

媒体	主题	情感导向	情感传播分析维度			数量	百分比	总计
			认知	基调情感	状态情感			
中国警方在线	案件通报	正向	感动	感动	喜悦 感动 自豪	208	46.1%	458
		负向	气愤	悲伤	疑惑 气愤 悲伤	67	14.8%	
	正能量传递	积极	自豪	感动	自豪 感动 心疼	102	22.1%	
	防疫科普	无	认同	无明显情感	警惕 恐慌	66	14.4%	
	政民互动	积极	轻松	欢快	搞笑 轻松	11	2.4%	
中国消防	案件通报	正向	感动	感动	感动 心疼	26	16.1%	168
		负向	无奈	悲伤	气愤	2	0.5%	
	正能量传递	积极	积极	感动	感动 自豪	31	18.5%	
	防疫科普	无	认同	轻松	无明显情感	91	55%	
	政民互动	积极	可爱	欢快	轻松 愉悦 搞笑	16	9.5%	
共青团中央	案件通报	正向	感动	感动	感动 愉悦	46	24.7%	187
		负向	愤怒	愤怒	愤怒 悲伤	23	12.3%	
	正能量传递	积极	感动	感动	赞赏 自豪 感动	90	47.8%	
	防疫科普	无	轻松	轻松	轻松 气愤	24	12.9%	
	政民互动	积极	轻松	欢快	搞笑 欢快	4	2.1%	

1. 中国警方在线

从表 5.2可以看出，中国警方在线作为一个公安类政务媒体在发布主题上有很明显的侧重性，它侧重发一些案件通报类的博文，比例达到60.9%。但是对于正向案情报道更多，它与正能量传递类的博文在情感基调上都是相似的，这类博文在情感上更偏向于积极的，状态情感包含自豪、感动、喜悦等，比如"奶奶派出所放下4 000元转身就走：这么好的国家想继续好下去""牺牲民警郑勇妻子：他住院的13天是我们连续在一起最长的时间""泪目！隔着隔离病房玻璃的一吻"，这些博文都是能够充分调动民众情绪的，会触发民众感动、自豪、敬畏等不同的状态情感，在情感的传播上更具有感染力。

从表5.3与图5.2所示的中心度分析来看，"感动"的中心度最高，说明"感动"在整个情感传播网络中占主导地位。在消极情感方面，仅有14.8%的负面案件通报，在内容上多是疫情期间一些不法分子卖口罩、不配合民警进行防疫检查等，比如"男子拒不配合防疫检查强行冲卡还打人获刑1年6个月""上海首例不戴口罩强闯地铁被行政拘留"，它在情感传播上多是愤怒、不满等消极情感，这些消极情绪的总中心度仅为积极情绪的37%，在整个网络中呈分散式分布。而科普防疫类博文无明显的情感特征，它的作用主要是宣传防疫知识，状态情感也无明显变化。政民互动类博文主要是官媒与网民的一些日常互动，达到亲民的作用，比如"来～特警蜀黍邀你在家看别样花灯～抗击疫情公安在行动""投票：你们单位启动远程办公了吗？"这类博文情感基调上比较轻松活跃。

表5.3　中国警方在线情感中心度

排序	积极情感		消极情感	
	状态情感	中心度	状态情感	中心度
1	感动	222	气愤、愤怒	64
2	无明显情感	69	不满	10
3	心疼、同情	68	憎恨	3

续表

排序	积极情感		消极情感	
	状态情感	中心度	状态情感	中心度
4	敬畏	48	质疑	1
5	轻松	35		
6	自豪、骄傲	12		

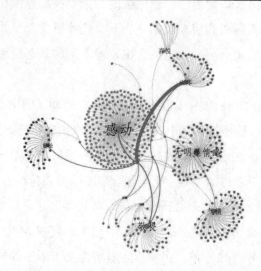

图5.2　中国警方在线情感传播网络图

2. 中国消防

　　根据表5.4，中国消防的定位是公共安全管理类政务微博，它发布的内容多是防疫科普类博文，比例达到55%。防疫科普类的情感特征比较弱，没有明显的情感极性划分，也比较难调动民众的情绪。但它与网民的互动是三个政务媒体里最高的，达到9.5%，通过内容发现，基本是官媒给网民互道早安、晚安，这类型的博文在情感传播上更偏向欢快、愉悦的情感。在正向案件通报与正能量传递主题中虽有34.6%的比例，但是定位发现它所包含的情感极性并没有中国警方那么强烈，比如"广西消防推出原创公益歌曲《战疫情》为武汉加油""湖北消防：全力为新改建'小汤山''方舱医院'保驾护航"，相比于中国警方报道中那些普通民众的感人事件，它的情感传播力度要弱些。中国消防几乎没有消极情感的传播。

图5.3为中国消防的情感传播网络图，从图中可看出"无明显情感"部分呈团状分布，较为密集，不满、气愤这些消极情感非常少。从中心度来看，"无明显情感"也是最高的，达到101，消极情感的中心度总和仅为11。

表5.4　中国消防情感中心度

排序	积极情感		消极情感	
	状态情感	中心度	状态情感	中心度
1	无明显情感	101	心疼	8
2	轻松、搞笑	31	气愤	2
3	感动	29	不满	1
4	敬畏	12		
5	喜悦、欢快	2		
6	自豪	1		

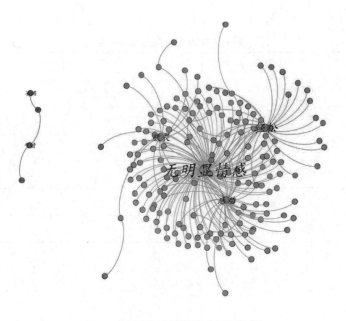

图5.3　中国消防的情感传播网络图

3. 共青团中央

从表5.5的数据看出，共青团中央更偏向积极情感氛围营造，正能量传递主题的占比最高，加上正向案件通报的数量，比例高达72.5%。发布的内容多是一些宣扬政府形象、共同抗疫且能够鼓舞人心的主题，这些内容能够激起民众心中的爱国情怀，比如2020年2月8日发布的一条视频"这就是中国"，网民评论多达873条。在消极情感的传播中，共青团中央往往能够抓住民众所关注的点，利用舆情事件的爆点推动情感的传播，比如"送别！南京抗疫医生徐辉离世""经中央批准，国家监察委员会决定派出调查组赴湖北省武汉市，就群众反映的涉及李文亮医生的有关问题作全面调查""云南对大理市征用疫情防控物资予以通报批评""国务院：地方不得以任何名义截留调用医疗物资"，这些主题都是疫情事件下网民集中吐槽关注的点，网民对李文亮医生去世、大理截留物资等事件都抱有大量的消极情感，此情境下的状态情感是非常高涨且多变的，共青团中央在消极情感的传播上能够紧紧贴合民众，在与民众共情的同时传递了积极情感。

从中心度分析来看，"感动"的中心度最高为100，说明"感动"情感在传播中是主导情感，见表5.5。图5.4是共青团中央的情感传播网络图。

表5.5　共青团中央情感中心度

排序	积极情感		消极情感	
	状态情感	中心度	状态情感	中心度
1	感动	100	气愤、愤怒	28
2	敬畏	39	不满	19
3	喜悦、欢快	26	无奈	7
4	同情、担忧	11		
5	搞笑、轻松	10		

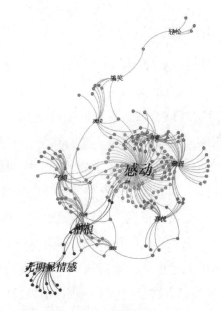

图5.4　共青团中央的情感传播网络图

整体而言，中国警方在线担任案情通报者的角色，积极情感的传播更多，消极情感的传播相比于其他政务媒体也要多些；中国消防更像是一个防疫科普者的角色，情感传播特征不明显；共青团中央更像是一个形象宣传者，更侧重于正能量情感的传播。三者的情感特征分布如图5.5所示。

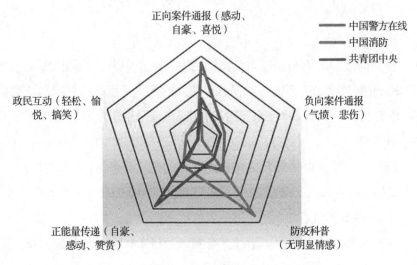

图5.5　三种政务媒体的情感特征分布雷达图

5.3.2 用户情感体验分析

1. LSTM情感分类模型构建

（1）文本的向量化表示。

在自然语言处理领域，首要问题就是如何将文本信息转换为计算机能够识别的形式，即对自然语言进行建模。自然语言建模方法经历了从基于规则的方法到基于统计方法的转变。在对统计语言模型进行研究的背景下，Google公司在2013年开放了一款用于训练词向量的软件工具——word2vec。word2vec可以根据给定的语料库，通过优化后的训练模型快速有效地将一个词语表达成向量形式，即遵循一定的编码规则把单词转换为计算机可学习的向量形式。苏剑林[200]将one-hot、one-embedding、word-embedding三种编码方式分别做了比较，结果发现分类的准确率大致相同。本书选择word-embedding编码方式，即词向量模式，也称为词嵌入，它是一种基于矩阵的分布式表示，在这种表示下，矩阵中的一行，就成为对应词的表示。首先利用Jieba分词工具将一句话分为词与词的组合，例如：希望你们平安归来，经过分词后为：希望/你们/平安/归来，假设经过word-embedding编码后变为［12,13,65,47］形式的一个矩阵，则一组数字代表一个词，一个矩阵即代表着一句话。

（2）模型输入。

将分词之后的语句经过向量转换后输入模型中去，但是由于本书所使用的Keras框架要求模型输入数据具有相同的数据长度，因此根据评论信息的长度特征，将数据最大长度设为50，超过部分采用截断方式处理，不足部分则用0补齐。

例如：希望你们平安归来。这句评论的表示矩阵为［12,13,65,47］，将不足的部分补齐后，表示为：［12,13,65,47,0,0,0,0,0,0,0,0,…］。

（3）参数调优。

在模型参数设置方面，通过多轮测试，将Batchsize参数设为48，而模型的准确率在25轮训练后基本不再变化，因此将Epoch参数设为25。选择

Sigmoid函数作为激活函数，Sigmoid函数是最常用的激活函数之一，它的输出是一个（0,1）的区间值，非常适合二分类任务，其函数表达式为

$$f(z) = \frac{1}{1 + \exp(-z)} \qquad (5.1)$$

如前所述，Adam算法于2014年首次提出，它同时考虑一阶段动量与二阶段动量更新，因其出色的表现被广泛应用于深度神经网络中，是目前最受认可的自适应学习优化器。因此，这里选择Adam算法作为优化器来优化目标函数并不断更新模型中的参数。

（4）模型训练与评估。

将训练数据的20%用作模型的验证集，即7 403条数据作为训练集，1 850条数据作为验证集。训练结果显示模型在训练数据集上的精度高于90%，在验证集上的精度稳定在98%左右，此模型可以作为本次研究的情感分类模型。模型训练历史的准确率与损失率见图5.6。

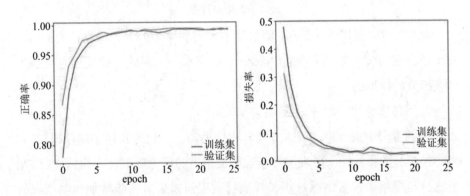

图5.6　模型训练历史的正确率与损失率

为了验证情感域划分的科学性及模型分类的可靠性，在已经预测好的样本中随机选取200个样本，手工标注其情感倾向，计算模型预测结果的混淆矩阵，并用召回率（Recall）和特异性（Specificity）来评价模型。混淆矩阵的4个指标TN、FP、FN、TP定义及各个评价指标详见3.2节。样本的混淆矩阵图如图5.7所示。

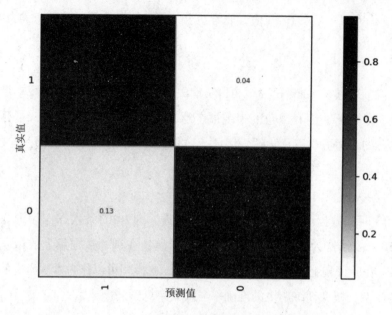

图5.7　混淆矩阵图

从图 5.7中可以看出200个随机样本的召回率为96%，特异性为87%，对于正样本与负样本的识别能力都处于较高水平，因此，此模型是可作为后续研究的模型的。

2. 用户情感体验时序分析

将共青团中央、中国警方在线和中国消防三个政务媒体2020年1月29日至2020年2月9日共12天所发关于新冠肺炎报道的评论数据代入构建的LSTM情感分类模型中进行情感分析，并通过人工纠错来进一步增加预测结果的准确性。分析结果见图 5.8。

从情感波动图分析来看，2月3号之后共青团中央出现了几次较大的波动，2月4号与2月6号是消极情感的峰值，通过定位发现，2月4日所发博文数量为14篇，数量并不是最多的，但是其中积极情感渲染的博文大多是对抗疫医护人员的致敬与祈祷，比如"期待我们摘下口罩，迎接拥抱的日子快点到来"这条微博评论高达887条，评论内容多是网民对医护人员的加油、致敬、愿平安等，"金银潭医院院长获记功奖励"这条微博也有854条评论，网民也都对他们的行为表示肯定和赞赏。2月6日，共青团中央发布"云南对大理市征用疫情防控物资予以通报批评""国务院：地方不得以任何名义截留调用医疗物资"，这2条微博都是关于大理政府截留医疗物资的，也是网民消极情绪集中爆发的区域，表达了对大理政府的不满与愤怒，因此这天的消极情感达到了峰值。1月29日至1月31日中国警方在线的波动图呈下降的趋势，这与发文量有关，1月29日发文40篇，而1月31日只有34篇，1月31日之后都较为缓和；2月3日中国消防出现了峰值，定位博文发现，"武汉加油晚安""抗疫一线的一场视频连线婚礼"这2条博文都有较多的评论，武汉、抗疫、婚礼这些主题激发了网民的感动的情感，而2月4号之后都表现得比较缓和。

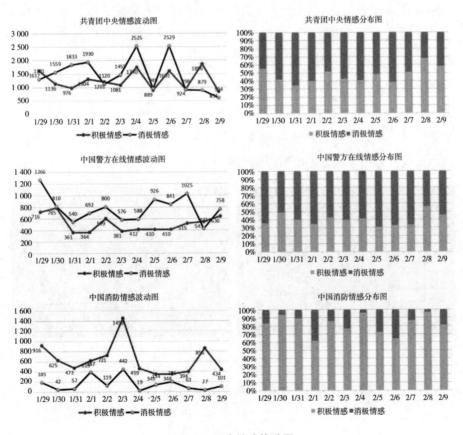

图5.8　用户情感体验图

从情感分布图分析看，中国警方在线的消极评论占比最高，最高曾在2月5号到7号达到60%，其次是共青团中央，中国消防的积极情感占比最高。中国消防的防疫科普类博文占比非常高，网民的态度普遍是乐于接受，情感多是轻松、愉快，例如"收到""好的""知道啦"这些评论，本书也将这些评论归为积极情感，因此它的积极情感占比是最高的；中国警方在线的负向案件通报是最多的，因此用户的消极情感体验也是最高的，这点是相契合的；共青团中央用户的积极情感与消极情感大致呈平均分布。总体而言，用户的情感体验与政务媒体博文情感有较好的契合度。

为了进一步研究政务媒体的情感分布都集中在哪些领域，本节将分类后的绝对积极情感评论和绝对消极情感评论代入词云模型，如图5.9所示。从消极词云中可看出，消极评论的分布比较分散，主要在物资紧缺、各种造谣、百姓买不到口罩、湖北红十字会贪污、不能上班等这些领域，这些主题都是舆情事件下网民所吐槽的集中点，因此网民的情绪都偏向消极。而积极评论的分布比较集中，大多数为加油、致敬、平安、感动这些字眼，这主要是网民对奋斗在抗疫一线的医护人员祝福，是网民的积极情感，这也从另一面验证了模型分类的有效性。

（a）消极评论词云　　　　　　　（b）积极评论词云

图5.9　绝对积极情感评论和绝对消极情感评论的词云图

5.3.3　用户情感分布主题分析

为了进一步探析用户的情感体验主要分布在哪些主题上，利用LDA主题模型对三个政务媒体的用户积极情感与消极情感进行主题分析。LDA主题模型是一种概率主题模型，它基于"一篇文章中每个词都是以一定概率选择某个主题，并从这个主题中以一定概率选择某个词语"的思想，能够很好地识别出一篇文档的主题。主题个数的设置是最重要的参数，本书将主题个数都设为2，主题关键词显示数设为10，本书只选取了有实际意义及相关的词，三种政务媒体的主题分布见表5.6所示。

表5.6　三种政务媒体的主题分布表

媒体	评论类型	主题	关键词
共青团中央	积极情感	主题1	加油 中国 春暖花开 英雄 平安
		主题2	致敬 辛苦 一线 英雄 希望 感动
	消极情感	主题1	口罩 物资 红十字
		主题2	红十字会 隔离 病毒 医院

续表

媒体	评论类型	主题	关键词
中国消防	积极情感	主题1	加油 平安 注意安全 哥哥 消防
		主题2	辛苦 仓库 加油 阿消 收到
	消极情感	主题1	口罩 仓库 封路 红十字会
		主题2	仓库 2020 添乱 危险
中国警方在线	积极情感	主题1	辛苦 致敬 一线 谢谢你们
		主题2	加油 致敬 平安 英雄 保护
	消极情感	主题1	一线 口罩 严惩 病毒
		主题2	口罩 孩子 英雄 警察

从表 5.6所示的主题分析结果来看，网民的消极情感都集中在口罩、红十字会等领域上，积极情感都表现为致敬、辛苦、中国加油等。这也符合现实情况：疫情造成了"一罩难求"的情况，买不到口罩、出现假冒伪劣口罩都成了网民消极情绪的发泄口；红十字会贪污抗疫物资也让网民感到气愤；对医护人员、身处一线的工作人员表达致敬、加油、辛苦等成为网民积极情感表达的集中点。

通过对政务媒体的情感传播与用户的情感体验进行分析，我们发现，不同类型的政务媒体因其自身定位不同，发文内容上虽有所侧重，但都偏向于积极情感的传播，且用户的情感体验与政务媒体所发博文的情感有较好的契合度，即用户的情感体验偏向于政务媒体所发博文营造的情感氛围。

5.4 政务媒体跨平台的传播效果对比

纵向维度指跨平台的同一个政务媒体，在此维度下，通过统计同一个政务媒体在微博和抖音两大具有代表性的社交媒体平台中的发文量、转发率、点赞率、评论率4个指标，来比较不同平台的传播效果和传播力度，其中转发率、点赞率与评论率是当日评论总数与当日发文量的比值，各个数据汇总如表5.7所示。

从发文量来看，三种政务媒体在微博平台的发文量要远大于抖音平台。微博平台的发文量总体维持在稳定区间，其中中国警方在线平均每天发文量为40篇，中国消防平均每天12篇，共青团中央平均每天16篇，对于事件的报道比较频繁；而抖音发文频率很低，基本一天2至3条左右，且会出现"发文断层"现象，比如"中国警方在线"在2月6日到9日发文量为0，中国消防2月9日未发文，共青团中央则共出现了3次断层现象。由此可见，目前政务媒体在政务运营上主要是微博为主、抖音为辅，微博侧重于事件的通报及与网民的日常互动，用户的黏性较高，而抖音属于短视频平台，其定位与微博有所不同，侧重于发布一些鼓舞士气、加油致敬类的小视频，以达到宣传政府形象的作用。

表5.7 数据汇总

媒体	指标	平台	1.29	1.30	1.31	2.1	2.2	2.3	2.4	2.5	2.6	2.7	2.8	2.9
中国警方在线	发文量	微博	40	41	34	37	41	43	37	37	41	42	38	42
		抖音	1	2	5	4	3	2	7	1	0	0	0	1
	转发数	微博	3 846	6 896	2 531	2 273	4 199	2 811	2 605	3 091	2 989	3 036	4 454	3 453
		抖音	322	235	1284	640	584	122	913	136	0	0	0	101
	评论数	微博	3 529	5 691	1 880	1 981	2 403	1 601	1 469	2 291	1 909	2 802	1 994	2 117
		抖音	86	70	278	182	305	115	314	136	0	0	0	48
	点赞数	微博	58 677	103 841	12 644	13 453	17 521	10 260	13 711	15 202	14 593	14 719	12 533	25 102
		抖音	17 000	34 000	81 000	50 786	64 000	40 000	144 000	22 000	0	0	0	29 000
中国消防	发文量	微博	13	13	8	15	19	15	9	20	16	15	15	16
		抖音	1	1	4	1	2	2	1	1	0	1	1	0
	转发数	微博	1 449	6 882	1 774	2 648	3 565	2 477	1 531	14 691	35 925	2 363	2 381	2 296
		抖音	138	84	359	555	377	921	2 658	6 531	50	364	95	0
	评论数	微博	1 400	2 565	678	2 148	2 678	2 152	1 211	4 840	9 753	1 952	1 640	1 981
		抖音	37	95	294	27	339	10 052	77	412	47	28	29	0

日期

续表

媒体	指标	平台	日期											
			1.29	1.30	1.31	2.1	2.2	2.3	2.4	2.5	2.6	2.7	2.8	2.9
中国消防	点赞数	微博	5 400	19 396	3 425	7 671	13 125	7 928	4 041	64 606	16 285	8 966	12 788	6 585
		抖音	7 380	23 000	146 760	6 282	69 000	659 000	63 000	1 276 000	7 254	3 948	4 170	0
	发文量	微博	14	17	16	21	16	24	16	18	14	13	15	15
		抖音	1	4	1	0	1	1	6	3	2	0	1	0
共青团中央	转发数	微博	7 500	11 114	8 798	62 074	5 750	9 703	15 033	1 611 935	7 691	18 911	37 803	7 325
		抖音	104	6 593	37	0	1 706	482	1 044	498	197	0	175	0
	评论数	微博	3 554	8 526	11 290	16 787	4 670	9 927	9 775	23 327	10 537	23 912	12 659	5 489
		抖音	40	252	25	0	145	190	449	296	53	0	63	0
	点赞数	微博	299 861	151 425	171 818	90 509	193 990	106 882	124 522	45 130	204 375	100 961	86 314	43 474
		抖音	11 000	379 469	12 000	0	63 000	25 000	218 983	47 000	35 859	0	3 826	0

从评论总数、转发总数来看，微博平台要高于抖音平台。大众对于微博的认可度更高，一方面是因为单日所发博文多，另一方面是所发内容更能引起网民热议，而抖音所发内容比较单一，很难激起网民的讨论。

点赞数指标上，抖音平台却远远高于微博，且常出现"现象级"博文，即单个视频的点赞率就高达几十万。中国消防2月5日仅发一条关于新型肺炎的视频，可点赞数却高达127.7万。由此可见，在短视频平台中，视频对人们的冲击感更强烈，当发布内容能够调动网民情绪时，人们更热衷于对视频内容点赞。

为了更科学地比较，我们将评论数、转发数、点赞数除以当日发文量，计算其评论率、转发率与点赞率，并将12天的各项指标求其平均数。表5.8所示是三个指标详情，图5.10所示是三个指标在两个平台下的对比。

从转发率、评论率来看，各个平台的效果不一致，中国警方在线与中国消防在抖音平台的转发率、评论率更高，共青团中央在微博平台却高于抖音。在点赞率指标上，三种政务媒体在抖音平台的点赞率都远远高于微博平台。总体来看，中国警方在线与中国消防在抖音平台的传播效果更好，而共青团中央在微博平台的传播效果更好。

表 5.8　数据详情

政务媒体	平台	转发率	评论率	点赞率
中国警方在线	微博	88	62	651
	抖音	164	67	19 533
中国消防	微博	416	180	885
	抖音	1 019	547	162 884
共青团中央	微博	8 413	722	8 604
	抖音	510	80	31 087

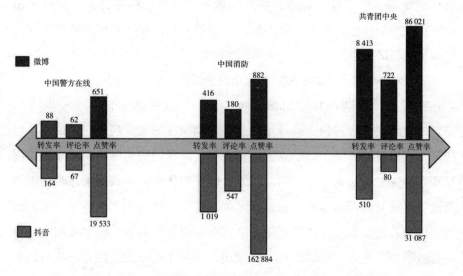

图5.10　各个政务媒体在两大平台的评论率、转发率、点赞率对比图

5.5　政务媒体传播力提升与运营优化策略

本节基于分析结果，从情感传播的视角对当前政务媒体的传播与运营提出以下几点针对性策略：

（1）紧跟舆论，发布内容情感多元化。

根据对网民评论的情感波动分析可以看出，当发布内容能够紧贴舆论，且发布内容的主题情感比较多元化时，往往能够激起网民的热议，网民也更热衷于去评论发布内容来表达自己不同的情感与观点，这样就能够增强政务媒体的传播力与影响力。而当发布的内容情感单一时，若都是积极向上的内容，网民也难免会出现"情感疲劳"，导致评论数急剧下降。从"中国消防"的发文内容来看，它侧重发防疫科普类文章，这种类型的博文缺乏情感多元性，很难调动网民的情绪，评论数基本维持在50条左右。

因此，政务媒体发布内容要紧跟舆情，发布内容的情感要多元化。在发布内容上，适当减少科普类的文章，增加网民所关注的舆情事件的报道；增加对恶性事件的通报；增加积极正能量且能够震撼人心的社会事件。在发布规律上，也要注意不能一味地单向报道积极事件或恶性事件，积极主题与消极主题的博文要呈波动式发布。

（2）政务为主、娱乐为辅，防止政务媒体"泛娱乐化"。

在对中国消防的评论情感分析中发现，含有大量的"晚安""早安""蓝朋友"等评论，通过定位这些评论所在博文发现，它的博文主题都是与网民互动有关，包括互道早安晚安，网民因为消防员的威猛形象而互相戏称为"消防蓝（男）朋友"等。政务媒体在宣传政府工作时，做到亲民固然重要，但是也要注意自身定位，要做到政务为主、娱乐为辅。政府可以通过建立自身的监管系统，来实时监测发布内容，以此来判断自身运营过程中是否有"泛娱乐化"的倾向，比如在发布无关内容、与网民互动内容的博文数量或用户特定评论内容的数量超过一个阈值时，应当认定为有泛娱乐化的倾向，根据动态监测及时优化运营内容。

（3）密切关注用户评论情感，正确引导舆论走向。

用户评论的情感很大程度上反映出当前网民对舆情事件的态度，政务媒体应及时关注用户的评论情感。根据对当日所发博文评论进行的情感分析结果，去判断是否已经出现大量消极情感，并且所讨论的点都集中在同一个领域。如果出现了这种情况，就应该对民众所聚焦的点重视并采取措施：若是因自身发布内容的不实性而造成的民众不满，则应及时向公众道歉并澄清事件真相，或是在后续跟进实时报道；若民众的消极情绪是针对事件本身，则政府在后续的报道中应多聚焦于该事件，给予公众公开透明的信息体验，并基于真实性的基础，发布事件本身趋于正能量的报道，舒缓民众的消极情绪，同时加强自身内容报道的真实性，切勿因发布未经核实的内容而进一步恶化舆论。

（4）"微抖"联动管理，加强跨平台发布内容的互补性。

根据对发文量的比较分析可以看出，同一政务媒体在微博与抖音上的发文频率有很大差别，仍然是以微博为主，缺少微博与抖音平台之间的联动管理。

对跨平台账号的联动运营，政府可以从三个方面去改善：①内容移植。对于一些重大事件的发布，以相同主题、不同形式发布在不同平台，实现内容的跨平台扩散。政府部门可以针对同一内容在不同平台的发布来判断微博与抖音用户关注点的偏好及情感分布特点，通过对跨平台用户的情感体验分析，更好地把握公众对整个舆情事件的态度。②受众引流。微博与抖音的粉丝受众类型是有差异的，政府可以在微博平台发布一些抖音上点赞率较高的小视频，建立跨平台的引流渠道，实现微博与抖音粉丝的双增长，提高政务媒体的传播力与影响力。③发布形式互补。微博的发布形式比较多样化，包括图片、视频、投票、转发等，因此可以侧重发布一些事件通报、公告等；而抖音是短视频平台，视频对人们的冲击感更为直观强烈，可以侧重发布一些政府宣传片，达到宣传政府的效果。

5.6　本章小结

本章以突发公共事件为研究背景，选取三种不同类型的政务媒体：公安类政务媒体中国警方在线、公共安全管理类政务媒体中国消防、中央类政务媒体共青团中央，基于政府与用户的视角展开研究。政府视角下，对政务媒体的情感传播特征展开了对比研究，结果发现，中国警方在线担任着案情通报者的角色，在积极情感的传播上更多，但消极情感的传播相比于其他政务媒体也要多些；中国消防是一个防疫科普者的角色，情感传播特征不明显；共青团中央则像是一个形象宣传者，情感传播上更侧重于正能量情感的传播。用户视角下，基于深度学习技术搭建LSTM情感分类模型对用户的情感体验展开分析，得出结论：用户的情感体验与政务媒体所发博文的情感有较高的契合度。

本章研究也存在一些不足之处，一方面训练语句的样本不够多，很难去覆盖到整个舆情事件所涉及的词汇与特定表达，这对模型的泛化能力有所影响，因此预测的精度有所欠缺；另一方面，现实中用户情感并不能简单归为积极与消极，还存在更丰富的情感，且有些评论并不能绝对将其定义为积极或消极情感。针对这些研究不足，未来考虑增加训练样本的数量以进一步提高模型的分类精度，试图用更丰富的情感状态去分析用户情感体验，并根据不同平台的运营特点，差别研究跨平台下政务媒体的情感传播特征与用户的情感体验。

第6章 政务新媒体在舆情传播中存在的问题研究 ——以泛娱乐化现象为例

第5章从情感传播的角度探讨了政务媒体对舆情事件走势的影响，可以看出，政务媒体在舆情宣传中对网民的情感走向有着很明显的影响和引导，同时，在研究过程中也发现，各个单位在运营政务媒体账号时，经常出现一些与政府引导舆情初衷不符的问题，不仅削弱了影响力和传播力，也容易造成公信力降低。本章以政务短视频平台为研究对象，研究政府在新媒体环境下，宣传和传播过程中存在的泛娱乐化现象。

近年来随着短视频平台的井喷式爆发，更多网民开始进入短视频平台，根据《第45次CNNIC中国互联网报告》，短视频用户规模达到7.73亿，占网民整体的85.6%。各大政务媒体也纷纷在各类短视频平台上注册官方媒体账号，截止到2020年3月，在线政务用户服务规模已达6.94亿，占网民整体的76.8%。《抖音政务账号分析报告》中指出目前已有超过500家政府机构入驻抖音，包括公安系统、政法系统、消防系统、共青团等各大机构，截止到2018年6月，政务类短视频播放量已经超过16亿。[201]

短视频平台因其特殊性，能够在快节奏的生活中充分利用大众的碎片化时间，降低认知成本[202]，用户也热衷对自己感兴趣或是能够戳中自身笑点的视频点赞分享。短视频平台凭借超高的流量与亲民搞笑的氛围成为政府部门拉近与民众距离的最佳渠道，将政务工作与超高流量的短视频相结合，将短视频平台作为自身宣传形象、传递信息与政策、监督执政的阵地，在及时传达了政府信息的同时，也消除了民从对官方严肃刻板的印象。比如，北京市公安局反恐怖和特警总队入驻抖音发布的第一条视频，是将特警队员的日常训练配上热门音乐以搞笑诙谐的方式呈现出来，短时间内就收获近300万点赞与百万粉丝。然而，随着近年来用户一味地追求自身流量，短视频平台中出现各种低俗、恶趣味、跟风拍摄、缺乏创意，甚至打法律擦边球的现象，整个短视频平台有过度娱乐化的倾向。2019年6月份的《政务短视频发展研究报告》中也指出，目前政务短视频存在过度迎合受众、将严肃政务内容"娱乐化"的问题。[203]

本章针对这一现象，对政务媒体泛娱乐化进行深层次的剖析，一方面揭示造成泛娱乐化的核心原因，帮助政府更加有效地管理政务短视频账号；另一方面为政府部门提供有效的泛娱乐倾向预警，辅助政府把控政务媒体在娱乐与政务之间的度，避免"南辕北辙"，违背政府传播引导的初心。具体地，以消防类政务抖音号为研究对象，搜集具有典型泛娱乐化特征的政务抖音号，整理出其中具有泛娱乐化倾向的抖音视频。通过对案例的内容分析，本章试图回答以下几个问题：

（1）消防类政务抖音泛娱乐化的具体表现。

（2）政务抖音泛娱乐化的内在原因及外在驱动力。

（3）对政务工作与娱乐界限的思考。

通过对消防类政务抖音的泛娱乐化进行深入分析，本章提出一种基于决策树算法的政务抖音泛娱乐化识别模型，该模型有助于政府部门管理自身账号运营并提供预警信息：当自身的发布内容有多个泛娱乐化倾向时，可以及时发现问题，改善发布内容，在政务工作的基础上适度娱乐，守住传播引导的底线，做到政府责任的应有之义。

6.1 概念界定及文献综述

6.1.1 政务抖音泛娱乐化概念界定

"泛娱乐化"即娱乐的泛滥，通俗来讲就是过度娱乐化。[204]政务抖音是指政府部门通过抖音平台实名认证并注册的官方抖音账号[205]，其目的是

及时向公众发布政务信息、宣传各项政策、维护政府形象，在完成自身政务
工作的同时拉近与民众的距离。政务抖音泛娱乐化现象是近年来出现的一个
社会现象，目前学界并没有统一的定义，本书将政务抖音泛娱乐化界定为：
在政务抖音号发布的视频中，存在与自身政务工作和业务偏离或无关的内
容，过度迎合用户。在这个概念下，比如跟风拍摄热门视频，或者以获取粉
丝流量、点赞为目的的视频，均可视为存在泛娱乐化倾向。

6.1.2　文献回顾

"泛娱乐化"的概念最早可追溯到1985年，美国学者尼尔·波兹曼揭
露出当时以电视为代表的媒体时代下美国社会出现的全民娱乐现象，他说
道："我们的政治、宗教、新闻、体育都心甘情愿成为娱乐的附庸，结果
我们最终成了娱乐至死的物种。"[206]最开始对于泛娱乐化的讨论是在新
媒体领域展开的，随着Web 2.0时代的到来，社会本身已处于一个娱乐时
代，大量的社交媒体平台充斥我们的生活中，各种娱乐活动、综艺节目、
社交App似乎向人们传递着一种"娱乐至死"的现代理念。在早期的研究
中，吕春丽[207]针对泛娱乐时代背景下所产生的"抢红包"现象进行深刻
的研究与反思；尹娜[208]从大众媒体泛娱乐化的角度论述了其产生的原因
及对社会的影响；钱益[209]从大众文化的角度对于持续的"娱乐至死"社
会现象展开深刻反思。近年来，随着交互式微博平台、短视频抖音平台等
社交媒体的兴起，政府工作也从线下延展到线上，政务新媒体开始爆发式
增长，泛娱乐化的现象也开始出现在政务媒体工作中。刘洋[210]提出了政
务微博"萌化"的现象，她认为政务微博用一些萌化语言能够拉近与民众
的距离，但也应适度"卖萌"，切不可乱耍宝卖萌；王绪波等人[211]针对政
务微信、政务微博的泛娱乐化现象提出对应的策略；陈聪[212]从正反两方面
论述了政务媒体娱乐化的利与弊；沈霄等人[213]针对政务微博喜欢"蹭热
点"的现象进行研究，"蹭热点"也是政务媒体娱乐化的一种表现。

总体而言，泛娱乐化现象是近代社会以来一直存在的问题。但是近年
来由于信息技术的发展，人们有了更多的娱乐方式，泛娱乐化现象也愈演

愈烈，尤其是国内随着微博与抖音的兴起，政府工作也开始出现泛娱乐化倾向。因为微博兴起较早，学者对于政务媒体泛娱乐化的研究多是以政务微博为例，未有学者对政务短视频展开研究，且研究方法都是定性研究，缺少定量研究，对于政务媒体泛娱乐化的现象也只是泛泛而谈[214]，并没有深入进行剖析。本章聚焦于政务短视频平台，以政务抖音为研究对象，采用定量与定性相结合的方法对政务短视频的泛娱乐化现象进行深入剖析。

6.2 政务抖音泛娱乐化的具体表现

目前在抖音注册的消防抖音号近百个，这里从中筛选泛娱乐化倾向较严重的短视频内容展开分析，表6.1列举了部分具有过度娱乐化倾向的视频描述。

表6.1 具有泛娱乐化倾向的视频案例

消防账号	时间	视频内容	视频配文
南浔消防	2018/12/14	消防员向粉丝们"比心"	收下我的心
	2018/12/14	消防员骑摩托车的帅气动作	男友力max
	2019/1/16	消防员玩单杠	爱的魔力转圈圈，你们能做几个
	2019/2/20	展示消防队的环境	消防队里除了有水果，最重要的是，我们有……
	2019/5/8	记录消防员帅气的着装	有一个消防蓝朋友是一种怎么样的体验?
	2019/5/8	拍摄消防队里可爱的小鸭子	你好鸭!消防队的家禽也想出个镜
	2019/5/9	跟风拍摄热门托脸视频	算是给2000多个粉丝的福利吗?
	2019/5/14	记录消防员健身房的训练	蓝朋友问我为什么他的肉抖不起来?
	2019/5/20	消防员们卖萌搞怪	快收好! 你们的粉丝福利来啦!
	2019/5/24	热门变装视频	变装? 我也会
	2019/7/2	拍摄热门倒放视频	皮一下很开心
	2019/8/30	拍摄热门换装视频	我们来晚了! 还赶得上末班车吗?
	2019/9/13	消防员骑车卖萌	这波操作稳了，走啦，蓝朋友带你去兜风
	2019/9/20	热门踢腿换装视频	消防蓝朋友踢你一脚没关系吧?
	2019/10/4	热门换装视频	蓝朋友的变装秀你喜欢吗?

续表

消防账号	时间	视频内容	视频配文
青田消防	2019/10/5	记录消防员日常娱乐活动	即使没粉丝了，咱也要坚强地发抖音
	2019/9/21	消防员玩水管娱乐	快看啊，这水带成精了
	2019/10/2	拍摄热门卖萌视频	咱把丑话说在前面，我没强迫小哥哥
	2019/10/5	记录消防员的"沙雕"时刻	消防员们的"沙雕"时刻
	2019/10/14	记录不同消防员的自拍方式	消防员的不同自拍方式，你喜欢哪款？
	2019/12/27	热门视频	蓝朋友召唤术
	2020/3/24	跟风拍摄热门视频	还是从前那个少年
	2020/5/3	热门"惊雷"视频	被惊雷洗脑的第三十天
	2020/5/20	可爱的消防员	注意，前方吃了可爱多的蓝朋友出现

1. 过度消费"蓝朋友"形象

"蓝朋友"一词来源于网络，因为消防员的蓝色着装及高大威猛的形象被网友们戏称为"蓝朋友"。目前"蓝朋友"已经成了消防员的一个标签，抖音平台中带消防蓝朋友标签的视频总播放量高达6.2亿次。研究过程中发现，几乎每个消防类政务抖音账号都会发布带有"蓝朋友"标签的视频且占比较大，发布的内容也有过度娱乐化的倾向，如图6.1所示。以南浔消防为例，截止到2020年5月27日，该账号共发布67个视频，其中带有"蓝朋友"标签的就有28个，而其中具有泛娱乐化特征的就高达22个，视频内容多是向粉丝展示"蓝朋友"的形象，展现他们可爱的一面，但是内容大多数与政务工作并没有关系。民众对这类短视频的评论也多是"好帅、好可爱、这样的男朋友给我来一打"等等带有娱乐化的词语，这样的内容虽然可以拉近与民众的距离，但一味地消费"蓝朋友"形象也会给民众带来审美疲劳，将一些严肃的政务工作儿戏化。

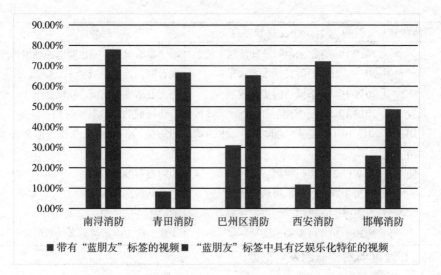

图6.1 不同消防账号中"带有蓝朋友"标签的对比图

2. 跟风拍摄严重

抖音短视频平台有其特殊性，当一种风格的视频火了之后就会有大量的模仿视频，而政务抖音号也会经常利用热门视频来博取关注，比如热门视频变装秀、踢腿舞、火红的萨日朗、惊雷、我还是从前那个少年，等等。政务抖音在模仿这些视频时，很少能够将视频内容与自身业务工作相结合，容易产生过度娱乐化的现象，比如常山消防2019年12月26日发布的热门视频"偷拍版火红的萨日朗"、满洲里消防特勤大队2019年12月31日发布的"女版消防火红的萨日朗"仅仅都是跳舞"蹭热点"，其视频内容与政务工作并没有联系，这类视频一般具有较大的流量，点赞量也相对较多，但是这种风格的视频多是纯娱乐性质，政务抖音跟随所谓的潮流去大量拍摄这些热门视频就会出现泛娱乐化的倾向。

3. 发布视频类型不均衡

政务抖音的作用不仅在于处理政务工作、传达政务信息、科普科学知识，它同时也利用新媒体的方式向公众宣传政府形象[212]，拉近与民众的距离。在消防类政务抖音中，研究发现有大量的宣传自身形象的短视频，这类视频的内容多是利用热门的音乐或是段子来宣传消防员高大威猛、为人民服务的形象，而与自身业务关联度不大。作为消防类政务抖音主要的任务应该是科普消防类的安全知识，而个别政务抖音号"本末倒置"，发布科普类的视频与其他类型视频比例严重失衡。本书将消防类的政务抖音视频类型分为政务工作、科普消防知识、宣传消防形象三大类，如图6.2所示是消防类政务抖音号视频分类统计。

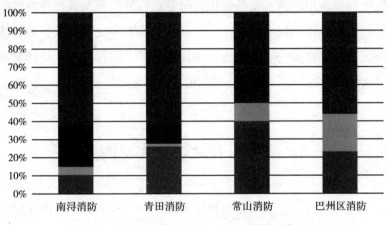

图6.2　发布视频类型占比图

图6.2中可看出，四个消防账号中，宣传消防形象的视频占比都非常大，而科普消防知识类的视频比较少。对视频内容分析来看，宣传形象类的视频多是记录消防员的一些日常生活或利用热门视频来宣传消防员威猛、帅气的形象，比如巴州区消防2020年3月24日发布的"擦镜子换装"视频、2020年1月10日青田消防发布的"垫脚杀"视频、西安消防2020年1月15日发布的"擦鞋齐步走"视频，这类视频都是消防员穿着帅气的消防服借助抖音平台爆火的舞蹈音乐向民众展示消防员帅气的形象。虽说政务抖音利用平台来宣传自身形象无可厚非，但是"主心骨"还应放在与自身业务相关的内容上，比如多投放一些科普消防知识的视频，将娱乐的元素融入科普讲解中。

4. 语言风格娱乐化

从案例中可以看出，过度娱乐化视频的文案都是偏向调皮、搞怪的风格，用词都是网络热词，比如："皮？""男友力""你好鸭"等等。

政务新媒体"萌化"的用语在一定程度上可以拉近与民众的距离，在化解舆论危机时也可以消减民众的不良情绪，但是作为官方媒体，应当保持一定的严肃性与严谨性，在向民众传达信息时这种搞怪戏谑的语言风格会削减信息的有效性。比如2020年1月21日平凉消防发布的一个视频文案为"错了没？我可是飞天小女警，让你占用消防通道"。该视频的原意是向民众宣传切勿占用消防通道的知识，可是该视频的配文及视频内容都是比较搞怪娱乐的风格，民众的评论有一部分并没有关注到视频背后传达的本意，而是只在意视频的娱乐成分，比如部分民众的评论："请问脚疼不疼呀""女侠，告辞""小姐姐马尾六的（得）飞起"等等。

6.3 政务抖音泛娱乐化原因分析

通过对政务抖音泛娱乐化的具体表现分析，本节分别从内在原因与外在驱动力两个方面对泛娱乐化产生的原因展开深入分析。

6.3.1 内在原因

从政务媒体自身来看，许多政务抖音号都没有严格规范的管理，也没有专业的运营人员，导致自身管理过程中出现发布内容泛娱乐化、主题分散等问题。笔者向抖音的多个消防账号进行问卷调查，由于信息不对称等问题仅收回13份有效回答。调查显示，13家政务抖音账号均为自身管理人员参与管理，并没有采取委托外包的形式进行专业管理。关于发布内容的主题素材来源，有11家消防账号并没有固定的主题，认为有新鲜的素材就发，仅有2家消防账号的上级领导层对发布内容的主题素材有明确的规定或指示。政务抖音号大部分是内部人员管理，他们自身并没有受到过专业的训练，所以许多内容的发布都会倾向个人情绪化，发布的主题也比较随性，没有固定的或上级明确指示的视频主题，也就导致发布内容泛娱乐化的倾向。

6.3.2　外在驱动力

1. 平台效应

短视频是内容驱动型行业[215]，即内容为王，抖音作为短视频行业的龙头软件具有高度的娱乐性，整个平台都被娱乐的氛围包裹，而政务工作本身的严肃性与严谨性导致其在其中似乎有些"夹缝求生"。基于娱乐氛围的大环境，政务媒体很难一本正经地发布政务信息或宣传政府形象，难免会拍摄一些流量爆款的视频来吸引关注或迎合粉丝，从而发生过度娱乐化的现象。

2. 受众人群年轻化

赵雯[216]曾提出"政务短视频是对未来政务信息传播受众的培训和领导"。政府工作在民众的印象中一直是严肃死板的，而这种有距离感的政民关系并不利于政务工作的展开，尤其是面对当今活跃在网络时代的年轻人。基于这一点，政务抖音的初衷就是用年轻人喜欢的方式去展开工作。就目前而言，抖音用户以年轻人为主，而中老年人占极小一部分，图6.3所示是截止到2020年1月抖音用户的年龄分布。

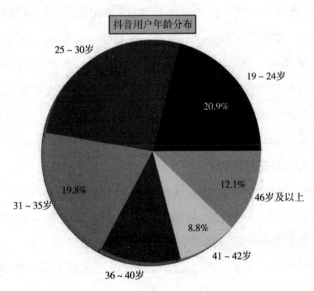

图6.3　抖音用户年龄画像

从图6.3中可看出，年轻的用户将近占有一半的比例。因此，在向用户发布政务工作视频或是宣传形象时，以搞笑娱乐的方式去迎合民众的"胃口"是一种必然的手段，若只是一些枯燥无味的官腔，年轻用户也很难接受。但是长此以往的过度迎合，会导致政务与娱乐的界限变得模糊，加上平台效应，整个政务抖音就会呈现出一种泛娱乐化的现象。

6.4 基于决策树算法的政务抖音泛娱乐化识别模型

6.4.1 模型构建

1.特征选择与赋值依据

要完成一个分类预测任务，首先要确定分类的影响因素是什么，即特征选择。根据前文对消防类政务抖音泛娱乐化现象的深入分析，最终确定以下5个特征，特征的赋值依据如表6.2所示。

（1）是否含有"蓝朋友"字眼。在发布的视频中或配文是否含有"蓝朋友"字眼。

（2）拍摄内容主题。该特征主要是从视频内容出发，根据视频内容将所有的视频分为4种主题类型：记录消防员日常、宣传自身形象、与自身业务相关、纯属娱乐，其中记录消防员日常主要是一些消防员日常的训练视频；宣传自身形象主要是与自身工作关系不大，但是通过视频向民众宣传消防员勇往直前、救百姓于水火的勇猛形象的视频；与自身业务相关是关于消防员完成消防任务或是科普消防知识的视频内容；纯属娱乐即与自身政务工作无关联的视频内容。

（3）视频的配文语言风格。在研究中发现，若是与自身政务工作强关联的视频内容其配文的语言风格偏向严肃，而有过度娱乐化倾向的视频在配文语言风格上都偏向调皮搞怪，比如用一些网络热词。

（4）背景音乐是否为热门音乐。抖音中的视频大致分为2种，一种是不带背景音乐，仅有视频中的原声，另一种是配上热门的背景音乐，这一类视频通常使用抖音中比较受欢迎的舞蹈或者搞笑音乐，因此这类视频发生过度娱乐化的可能性较高。

（5）高赞评论内容。前四项特征都是基于发布者的角度，而该项特征是基于用户角度出发，因为从用户的评论中可以反映出该视频的特性：当视频内容偏向娱乐化时，网民们的评论内容也多是调侃、搞怪娱乐，若是关于政务工作、消防员救火、科普知识等内容时，网民的评论就比较正常化。

表6.2　特征赋值依据

特征选择	赋值依据
是否含有"蓝朋友"字眼（A）	是0；否1
拍摄内容主题（B）	记录消防员日常1，宣传自身形象2，与自身业务相关3，纯属娱乐4
视频的配文语言风格（C）	严肃或正常0，搞怪娱乐1
背景音乐是否为热门音乐（D）	是0，否1
高赞评论内容（E）	正能量1，搞笑娱乐2，
是否具有泛娱乐化倾向（F）	是0，否1

2. 数据收集

这里选取了多个不同消防账号的抖音视频，其中具有泛娱乐化倾向的样本73个，不具有泛娱乐化倾向的样本73个，共计146个训练样本。形成的数据集如表 6.3所示，其中视频编号用S表示。数据集部分如表所示。

表6.3 样本数据集

S	A	B	C	D	E	F	S	A	B	C	D	E	F	S	A	B	C	D	E	F	S	A	B	C	D	E	F	S	A	B	C	D	E	F
S1	1	2	0	1	1	1	S31	1	3	0	0	1	1	S61	0	4	1	0	2	0	S91	1	4	1	0	2	0	S121	1	3	0	1	1	1
S2	1	2	0	0	1	1	S32	1	2	0	0	1	0	S62	1	4	1	0	2	0	S92	1	2	1	0	2	0	S122	0	3	0	1	1	1
S3	1	2	0	0	2	1	S33	1	3	0	1	2	0	S63	0	1	1	0	2	0	S93	1	1	1	0	2	0	S123	1	3	0	1	1	1
S4	1	3	0	1	1	1	S34	1	4	1	0	2	0	S64	1	2	1	0	2	0	S94	1	4	1	0	2	0	S124	1	3	0	1	1	1
S5	1	3	0	1	1	1	S35	1	3	0	1	1	1	S65	1	2	1	0	2	0	S95	0	4	1	0	2	0	S125	1	3	1	1	1	1
S6	1	3	0	0	1	1	S36	1	3	0	0	1	1	S66	1	3	1	0	2	0	S96	1	4	1	0	2	0	S126	0	3	0	1	1	1
S7	1	1	0	0	1	1	S37	1	4	1	0	2	1	S67	1	4	1	0	2	0	S97	1	3	1	0	2	0	S127	0	3	0	1	1	1
S8	1	3	0	0	1	1	S38	1	3	0	1	1	1	S68	0	4	1	0	2	0	S98	1	4	1	0	2	0	S128	1	3	0	1	1	1
S9	1	3	0	0	1	1	S39	1	2	1	0	2	1	S69	1	4	1	1	2	0	S99	1	1	1	0	2	1	S129	1	2	0	1	1	1
S10	0	4	1	0	2	0	S40	1	3	0	1	1	0	S70	0	1	1	0	1	0	S100	1	4	1	1	2	0	S130	1	3	0	0	1	1
S11	1	1	0	0	2	1	S41	1	1	1	0	1	1	S71	1	1	1	0	2	0	S101	1	2	1	0	2	0	S131	1	3	0	1	1	1
S12	0	3	1	1	1	1	S42	1	4	0	0	2	0	S72	1	2	0	0	2	0	S102	1	3	0	1	2	0	S132	1	3	0	1	1	1
S13	1	3	0	1	1	1	S43	1	2	1	0	2	0	S73	1	3	1	0	2	0	S103	0	3	0	1	1	1	S133	0	3	0	0	0	1
S14	1	1	1	0	2	1	S44	1	3	1	0	2	0	S74	1	1	1	0	2	0	S104	1	3	0	1	1	1	S134	1	3	0	1	1	1
S15	1	1	0	0	1	1	S45	1	4	1	0	2	0	S75	1	4	1	1	2	0	S105	0	3	0	0	1	1	S135	1	3	0	0	2	1

续表

S	A	B	C	D	E	F	S	A	B	C	D	E	F	S	A	B	C	D	E	F	S	A	B	C	D	E	F	S	A	B	C	D	E	F
S16	1	3	0	1	2	1	S46	1	4	1	0	2	0	S76	1	4	1	0	2	0	S106	1	3	0	1	1	1	S136	0	2	1	0	2	1
S17	1	1	0	0	1	1	S47	1	4	1	0	2	0	S77	1	4	1	0	2	0	S107	1	1	0	0	1	1	S137	1	3	0	1	2	1
S18	1	3	0	1	1	1	S48	1	1	1	0	2	0	S78	1	2	1	0	2	0	S108	1	1	0	1	1	1	S138	1	2	0	0	2	1
S19	1	3	0	0	1	1	S49	1	3	0	1	2	0	S79	1	2	0	0	2	0	S109	1	3	0	0	1	1	S139	1	3	0	1	2	1
S20	1	3	1	0	1	1	S50	1	2	1	1	2	0	S80	1	1	1	0	2	0	S110	1	3	0	0	1	1	S140	1	2	0	0	2	1
S21	0	2	1	0	2	0	S51	0	4	1	0	2	0	S81	1	4	0	1	2	0	S111	1	3	0	1	1	1	S141	1	3	0	1	1	1
S22	1	3	0	1	2	0	S52	0	3	1	0	2	0	S82	1	2	1	0	2	0	S112	1	3	1	0	2	1	S142	1	3	0	2	2	1
S23	1	1	1	0	2	0	S53	1	1	1	0	2	0	S83	1	4	1	1	2	0	S113	1	1	0	1	1	1	S143	1	3	0	0	1	1
S24	1	2	2	0	1	0	S54	1	2	0	1	2	0	S84	1	2	1	0	2	0	S114	1	3	0	1	1	1	S144	1	3	0	1	2	1
S25	0	2	1	0	2	0	S55	0	2	1	0	2	0	S85	1	4	1	0	2	0	S115	1	3	0	0	1	1	S145	1	1	0	0	1	1
S26	0	4	1	0	2	0	S56	1	4	1	0	2	0	S86	0	2	1	0	2	0	S116	1	2	0	0	2	1	S146	0	1	1	0	1	0

3. 生成决策树

基于Python语言编写代码，将预处理的数据输入模型中，得到如图 6.4 所示的决策树。

决策树中椭圆形代表某个特征，即根节点，矩形代表该根节点的分支，即叶节点。该决策树模型的含义是：先按照视频的配文语言风格进行属性分类，若语言风格为严肃或正常，再看拍摄内容主题，若内容主题与自身业务相关，则该视频判定为不具有泛娱乐倾向，若内容主题是宣传自身形象，则再对背景音乐是否为热门进行分类，以此类推最终得到分类结果。

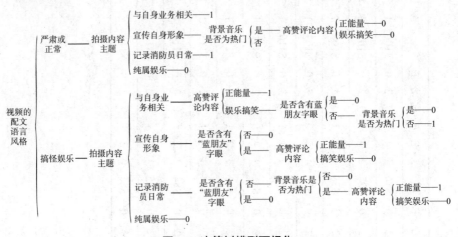

图6.4 决策树模型可视化

6.4.2 实证研究

基于上节提出的模型，本节选取永州消防、娄底消防前20条抖音视频进行实证分析，数据获取时间为2020年6月23日前。表6.4所示所示是实证数据及识别结果。

表6.4 实证研究数据及识别结果

S	A	B	C	D	E	识别结果	实际结果
永州消防							
S1	1	3	1	1	1	1	1
S2	0	1	1	1	2	1	0
S3	0	2	1	0	1	1	1
S4	0	4	1	1	2	0	0
S5	0	2	0	0	2	0	0
S6	1	2	0	0	2	0	0
S7	0	2	1	0	2	0	0
S8	1	1	0	0	1	1	1
S9	1	2	0	1	1	1	1
S10	0	2	0	0	1	1	1
S11	1	3	0	1	1	1	1
S12	1	1	0	0	2	1	1
S13	1	3	0	1	1	1	1
S14	0	1	0	0	2	1	1
S15	1	2	0	0	2	0	1
S16	1	1	0	0	1	1	1
S17	1	3	0	0	1	1	1
S18	1	2	0	0	1	1	1
S19	0	4	1	0	2	0	0
S20	1	3	1	0	1	1	1
娄底消防							
S1	1	1	0	0	1	1	1
S2	1	3	0	0	1	1	1

续表

S	A	B	C	D	E	识别结果	实际结果
S3	1	2	0	0	1	1	0
S4	1	3	0	1	1	1	1
S5	1	2	0	0	2	0	0
S6	1	2	1	0	2	1	0
S7	1	4	1	0	2	0	0
S8	1	3	0	1	1	1	1
S9	1	3	0	1	1	1	1
S10	1	4	1	1	2	0	0
S11	1	3	0	0	1	1	1
S12	1	2	0	0	2	0	0
S13	1	3	0	1	1	1	1
S14	1	3	0	0	1	1	1
S15	1	2	0	0	1	1	1
S16	1	2	1	0	2	0	0
S17	1	3	0	1	2	1	1
S18	0	3	0	1	2	1	1
S19	1	2	1	0	2	0	0
S20	1	4	0	0	2	0	0

通过实证研究发现，该模型的识别准确率较高，人为判断结果与模型识别结果基本一致，这里提出的泛娱乐化模型能够很好地识别出一个抖音视频是否有泛娱乐化的倾向。其中正确识别出永州消防5个具有泛娱乐化倾向的视频，娄底消防6个具有泛娱乐化倾向的视频。比如永州消防于2020年5月14日发布的一条"扔糖"视频，该视频是模仿一段网络爆火的表演，内容纯属跟风拍摄，无实质性的内容，与政务工作毫无关系。从截取的20个视频中可看出，娄底消防的过度娱乐化倾向要大于永州消防，因此，在日

后的运营管理中，娄底消防应该加强内部人员的管理，对账号发布的内容做到主题明确、审核有度，严格把控娱乐的度，在做好本职工作的基础上与民互动。

6.5 政务工作与娱乐的界限思考

政务抖音泛娱乐化是客观存在的社会现象，虽说娱乐化的政务工作可以消减与民众的距离感，达到官民互动的效果。但是，政务新媒体始终代表的是政府形象，政府不该失去本有的严肃性与严谨性，长此以往的政务工作娱乐化有损政府形象，导致政务工作信息不能有效传达，甚至会削减政府公信力。尤其是处于抖音这种高度娱乐化的平台，政务媒体更应该把握住娱乐的度，切不能模糊了娱乐与政务工作的界限，要始终坚持"政务为主，娱乐为辅"的理念，在做好政务工作的基础上，与网民形成良性互动，适度娱乐，正本清源，让政务抖音回归政务本心。

在政府部门如何正确把握政务工作与娱乐的界限上，提出以下几点建议：

第一，内容为王。政务抖音一定要把握住视频的本质内容，若是仅仅属于跟风拍摄，毫无实质内容可言，就会逾越政务工作与娱乐的红线；在拍摄热门视频的同时，一定要彰显自身政务形象，切不可盲目跟风，坚持以"内容当道，娱乐为辅"的发布原则，将视频中的娱乐成分与政务工作相结合。

第二，适度恰当地宣传政府形象。政务抖音借助平台宣传自身政府形象无可厚非，但是宣传形象的方式要得体恰当，切不可过度宣传、滥用形象，长此以往利用娱乐的方式去宣传政务形象会导致政府公信力与权威性的缺失。

第三，适度与民互动。官民互动也是政府工作的一部分，与民互动的过程中既要"接地气"，又要注意方式与尺度得体，政务抖音的背后代表的是政府形象，在与抖音用户互动时，不可带有个人情绪，不可无底线地互动。

6.6 本章小结

本章针对近年来出现的政务抖音泛娱乐化现象展开深入的分析，以消防类政务抖音为例，研究发现消防类政务抖音的具体表现在过度消费"蓝朋友"形象、跟风拍摄现象严重、发布的视频主题分布不均衡、语言风格娱乐化。并对其背后产生的原因进行探讨，内在原因主要是自身的管理不严格，没有专业的运营管理人员；外在驱动力主要是平台效应与受众人群年轻化。通过对泛娱乐化现象的深入分析，提出一种基于决策树算法的政务抖音泛娱乐化识别模型，实证研究结果表明，该模型能够有效识别出泛娱乐化倾向的视频。虽说泛娱乐化是一个主观的理念，但它确实是本身客观存在的现象，本书首次对政务抖音泛娱乐化现象进行了量化研究，提出的识别模型中在一定程度上受主观因素的影响，但能够较为客观地判断出一个政务抖音账号是否存在娱乐化倾向，该模型有助于政府部门管理自身账号并提供预警信息：当自身的发布内容有多个泛娱乐化的倾向时，可以及时发现问题，改善发布内容。

总结与展望

一、全书总结

随着社交媒体逐渐成为信息发布与传播的重要聚散地，各类网络舆情现象层出不穷，如不能及时监测和正确引导，会对社会产生巨大负面影响，甚至对政治稳定和社会和谐造成严重威胁。2021年第十三届全国人大四次会议表决通过《中华人民共和国国民经济和社会发展第十四个五年规划和2035年远景目标纲要》，明确指出了网络舆情治理等涉网络空间活动是网络安全能力支撑的重要内容，舆情治理是我国政府治理中最为紧迫且需要长期面对的重要课题，网络舆情预测是舆情治理机制中的首要关键环节。现实中引发网民热议的网络舆情事件所带来的社会影响远远大于普通事件，原因复杂且不易掌控，如能提前预测各类网络舆情现象的发生，精准掌握舆情事件的演化动态，就可以帮助政府及时调整舆论导向，准确做出应对策略，防止公信力受损，具有重要的理论和现实意义。

网络舆情研究呈现多学科交叉、多视角融合的趋势，各个主题的研究贯穿于整个舆情事件生命周期，支撑舆情理论与实证研究体系的发展。本书重点研究网络舆情预测及舆情应对策略。对于网络舆情预测研究，经过大量文献总结后，作者将目前学术界关于该问题的研究分为舆情演化趋势和舆情现象识别两个角度，本书重点从舆情现象识别角度展开研究，以期在理论和实证方面对网络舆情预测研究领域做出一定的补充和扩展；对于舆情应对策略研究，本书一方面将其贯穿于网络舆情预测研究过程中进行有针对性的讨论；一方面以政务新媒体平台为研究对象，从政府视角研究舆情应对和引导。

本书以辅助政府进行智能化舆情治理为目标，以网络舆情事件及各类舆情现象为研究对象，以多学科的理论与方法为支撑，从多个视角探索舆情预测的相关问题。主要观点为：

1. 从网络舆情预测视角

（1）本书认为舆情现象识别和舆情演化趋势是网络舆情预测的两个主要研究视角；

（2）在基于舆情现象识别视角的网络舆情预测中，本书认为，造成舆情监控和引导难度加大的不是事件本身，而是网络上非理性舆论引发的各类网络舆情现象，在现象点前及时预测网络舆情现象的发生是基于舆情现象识别视角舆情预测的研究重点。结合舆情事件的主观影响因素、演化动态量化数据与客观的非结构化文本信息，利用机器学习相关方法实现事件特征的自动生成，可以减少主观人工参与的比例，保证舆情预测的实时性、时效性和自动性。

（3）在基于网民行为演变视角的网络舆情预测中，本书认为，网民是舆情演化过程中的最重要主体，是舆情现象发生的主要推动力，也是舆情事件后续发展的重要影响因素。当识别出可能引发不良影响的舆情现象时，通过网民情绪和行为预测舆情演变趋势则变得尤为必要，特别是极易引发网络暴力的网民负面情绪和攻击性行为。同时，意见领袖这类特殊网民群体对舆论起着重要的引导作用，运用仿真分析方法可以较好地对多主体干预的舆情动态演化趋势进行预测。这也是本书作者未来研究的主要方向之一。

2. 从网络舆情应对视角

网络舆情预测是舆情预警的基础，其目的是在舆情治理中能够及时采取相应的应对措施，对舆论进行正确引导。本书认为：

（1）不同的舆情现象应采取不同的有针对性的应对策略，因此，本书在研究舆情反转、网络暴力时，根据两种舆情现象的重要特征从多视角提出了相应的应对策略，同时也融合了引导网民情绪和行为的相关建议。

（2）政府是引导舆情良性趋势最重要主体，而政务新媒体是政府可以用来进行舆情传播的有力工具。应充分发挥政务新媒体受众广和权威强的优势，在突发事件引起不良舆情时，使其能够在舆情治理中起到积极引导的作用。

本书主要的学术价值体现在：构建的基于多源数据的舆情事件特征预训练模型，实现了以事件本身及网民态度为基础的非结构化文本数据与舆情传播的结构化数据相融合的事件特征自动提取，拓展了舆情事件指标的构建体系和方法，解决了事件特征人工处理存在的问题，并形成符合一定标准的舆情事件多标签公共数据集。同时，为舆情预测领域中的各下游任务提供切实可行的事件预处理方法，如舆情反转预测、网络暴力预测、舆情热度预测、舆情事件分类、舆情预警等级识别、次生衍生事件探测等。

二、未来研究展望

（1）从舆情现象识别角度进行舆情预测是舆情预警的基础，但是预测结果很难呈现舆情演化的动态趋势。从前文研究看出，引起较大影响的舆情现象通常都是由舆情的重要主体"网民"非理性情绪推动形成，特别是网民的负面情绪积聚往往会导致其做出攻击性评论行为，攻击性行为的规模化则会引发更为严重的网络暴力现象，因此，未来将基于网民行为演变视角的网络舆情演化仿真与预测，特别是研究网民的负面情绪与攻击性行为演化趋势的预测。

（2）本书提出的事件预训练模型可以较为准确地预测生成下一天的事件句，这将为研究舆情演化相关问题提供新的数据基础和方法视角，下一步将就此继续深入研究。

（3）不同类型的网络媒体模式从不同视角和渠道掌握舆情事件的信息和动态，拥有不同的受众，形成不同的舆论场。下一步拟根据舆情事件在各类网络新闻媒体及社交平台上的描述文本，基于多文档文摘提取技术，自动生成舆情事件的特征向量表示。

（4）选取典型舆情事件进行数据采集，基于多标签文本分类技术设计负面情绪与攻击性评论的识别模型，运用案例分析法深入研究舆情演化中网民负面情绪与攻击性逃离现象，运用仿真分析法对意见领袖干预下的网民负面情绪和攻击性行为演化进行仿真与预测。

致　谢

　　在本书编写过程中，得到了本人指导的3名硕士研究生李海荣、吕欣隆、谭舒孺的大力支持。其中，在第3章舆情反转的研究中，李海荣同学承担了部分的数据收集、文献调研和理论分析工作，谭舒孺同学在算法设计、实验结果分析和可视化方面，做出了大量工作；在第4、5、6章研究中，吕欣隆同学承担如数据获取、算法实现、文献调研等大量工作。在此，对3位同学的支持表示衷心的感谢！

　　本书受到吉林财经大学资助出版，在此表示感谢！

参考文献

[1]余才忠, 熊峰, 陈慧芳. 舆情民意与司法公正——网络环境下司法舆情的特点及应对[J]. 法制与社会, 2011(12): 120-121.

[2]CNNIC 第 45 次《中国互联网络发展状况统计报告》, 2020.

[3]齐中祥. 舆情学[M]. 江苏: 江苏人民出版社, 2015, 24-36.

[4]布署. 全媒体语境下对"舆情反转新闻常态化"的反思[J]. 传媒, 2020 (03): 94-96.

[5]ARNESEN S, JOHANNESSON M P, LINDE J, et al. Do Polls Influence Opinions? Investigating Poll Feedback Loops Using the Novel Dynamic Response Feedback Experimental Procedure[J]. Social science computer review, 2018, 36(6): 735-743.

[6]BABAC M, PODOBNIK V. What social media activities reveal about election results? The use of Facebook during the 2015 general election campaign in Croatia[J]. Information Technology & People, 2018, 31(2).

[7]谭伟. 网络舆论概念及特征[J]. 湖南社会科学, 2003(5): 188-190.

[8]王来华. "舆情"问题研究论略[J]. 天津社会科学, 2004(2): 78-81.

[9]王兰成, 陈立富. 国内外网络舆情演化、预警和应对理论研究综述[J]. 图书馆杂志, 2018, 37(12): 4-13.

[10]夏火松, 甄化春. 大数据环境下舆情分析与决策支持研究文献综述[J]. 情报杂志, 2015, 34(2): 1-6, 21.

[11]李纲, 陈璟浩. 突发公共事件网络舆情研究综述[J]. 图书情报知识, 2014 (2): 111-119.

[12] 付业勤, 郑向敏. 国内外网络舆情研究的回顾与展望 [J]. 编辑之友, 2013 (12): 56-58.

[13] KIM Y, SOHN H. Disaster Response Policy Change in the Wake of Major Disasters, Labeled Focusing Events [M]. Korea: Disaster Risk Management in the Republic of Korea. 2018

[14] PAWEL S, KASCHESKY M, BOUCHARD G. Opinion mining in social media: Modeling, simulating, and forecasting political opinions in the web [J]. Government Information Quarterly, 2012, 29 (4): 470-479.

[15] 孙倬, 赵红, 王宗水. 网络舆情研究进展及其主题关联关系路径分析 [J]. 图书情报工作, 2021, 65 (07).

[16] 余亮. 网络舆情形成的影响因素分析 [J]. 西南农业大学学报 (社会科学版), 2013, 11 (06): 177-180.

[17] 赵成斐. "网络集群行为" 与 "价值累加" ——一种集体行动的逻辑与分析 [J]. 新闻与传播研究, 2013, 20 (08): 67-77, 127.

[18] 侯萍, 刘海洋. 社交媒体用户舆情传播行为的影响因素分析 [J]. 电子商务, 2019 (01): 51-53, 59.

[19] LIU B. Evolution mechanism of network public opinion in emergencies [J]. Modern salt chemical industry, 2019 (3): 111-112.

[20] 拉扎斯菲尔德, 贝雷尔森, 高德特, 等. 人民的选择: 选民如何在总统选战中做决定 [M]. 北京: 中国人民大学出版社, 2012.

[21] NIKOLAY B, YULIA C, KONSTANTIN K, et al. Evolutionary-based Framework for Optimizing the Spread of Information on Twitter [J]. Procedia Computer Science, 2015 (66): 287-296.

[22] LIZARDO O, PENTA M, CHANDLER M, et al. Analysis of Opinion Evolution in a Multi-cultural Student Social Network [J]. Procedia Manufacturing, 2015, 3: 3974-3981.

[23] PINTO J, CHAHED T, ALTMAN E. A framework for information dissemination in social networks using Hawkes processes [J]. Performance

Evaluation, 2016(103): 86-107.

[24] METE M, YURUK N, XU X, et al. Knowledge Discovery in Textual Databases: A Concept-Association Mining Approach[M]. Data Engineering. Springer US, 2010.

[25] CHENG J, MITOMO H, OTSUKA T, et al. Cultivation effects of mass and social media on perceptions and behavioural intentions in post-disaster recovery – The case of the 2011 Great East Japan Earthquake[J]. Telematics & Informatics, 2016, 33(3): 753-772.

[26] KIM K, BAEK Y, KIM N. Online news diffusion dynamics and public opinion formation: A case study of the controversy over judges' personal opinion expression on SNS in Korea[J]. Social Science Journal, 2015, 52 (2): 205-216.

[27] ALLAN J. Topic Detection and Tracking: Event-based Information Organization (The Kluwer International Series on Information Retrieval, Volume 12). 2002.

[28] 杨立公, 朱俭, 汤世平. 文本情感分析综述[J]. 计算机应用, 2013, 33 (6): 1574-1578.

[29] 金占勇, 田亚鹏, 白莽. 基于长短时记忆网络的突发灾害事件网络舆情情感识别研究[J]. 情报科学, 2019, 37(5): 142-154.

[30] 蒋知义, 马王荣, 邹凯, 等. 基于情感倾向性分析的网络舆情情感演化特征研究[J]. 现代情报, 2018, 38(4): 50-57.

[31] 田千金, 余光辉, 姜磊. 中泰垃圾焚烧厂事件网络舆情演化研究[J]. 情报探索, 2018, 8: 33-36.

[32] TOWSE, ANNE. Readings in Public Opinion-Its Formation and Control [J]. American Journal of Public Health & the Nations Health, 1929(11): 1275.

[33] MEDAGLIA R . Public deliberation on government-managed social media: A study on Weibo users in China[J]. Government Information

Quarterly, 2017.

[34] 余晓宏, 王先俊. 微媒体时代政府舆情信息聚合发展趋势研究 [J]. 情报科学, 2020, 38 (07): 173-177.

[35] TSUR O, Rappoport A. What's in a Hashtag? Content based Prediction of the Spread of Ideas in Microblogging Communities [C] //Proceedings of the 5th International Conference on Web Search & Web Data Mining. ACM, 2012.

[36] 冯勇, 吕红旭, 徐红艳, 等. 基于SDZ-LSTM的舆情事件网络趋势预测模型 [J]. 情报理论与实践, 2021, 44 (06): 158-163.

[37] DONG X F, LIAN Y, LIU Y. Small and multi—peak nonlinear time series forecasting using a hybrid back propagation neural network [J]. Information Sciences, 2018 (424): 39-54.

[38] 曾子明, 孙晶晶. 基于用户注意力的突发公共卫生事件舆情情感演化研究——以新冠肺炎疫情为例 [J]. 情报科学, 2021, 39 (09): 11-17.

[39] 冯兰萍, 严雪, 程铁军. 基于政府干预和主流情绪的突发事件网络舆情群体负面情绪演化研究 [J]. 情报杂志, 2021, 40 (06): 143-155.

[40] 万立军, 郭爽, 侯日冉. 基于SIRS模型的微博社区舆情传播与预警研究 [J]. 情报科学, 2021, 39 (02): 137-145.

[41] D'ANDREA E, DUCANGE P, Bechini A, et al. Monitoring the public opinion about the vaccination topic from tweets analysis [J]. Expert Systems with Applications, 2019, (116): 209-226.

[42] 江长斌, 邹悦琦, 王虎, 等. 基于SVM的自媒体舆情反转预测研究 [J]. 情报科学, 2021, 39 (04): 47-53, 61.

[43] FREDERIK V, OLGA D. ATTAC-L : A Modeling Language for Educational Virtual Scenarios in the Context of Preventing Cyber Bullying [J]. Education and Information Technologies.

[44] 安璐, 李倩. 基于热点主题识别的突发事件次生衍生事件探测 [J]. 情报资料工作, 2020, 41 (06): 26-35.

[45] 林萍, 王晓梅, 吕健超, 等. 基于专业权威成长动态的网络意见领袖预测研究[J]. 情报杂志, 2021, 40(10): 59-65.

[46] ARRAMI S, OUESLATI W, AKAICHI J. Detection of Opinion Leaders in Social Networks: A Survey[J]. Smart Innovation, Systems and Technologies, 2017, 5(28): 362–370.

[47] WIDED OUESLATI, SEIFALLAH ARRAMI, ZEINEB DHOUIOUI, et al. Opinion leaders' detection in dynamic social networks[J]. Concurrency and Computation Practice and Experience, 2020, 33(1).

[48] 单晓红, 庞世红, 刘晓燕, 等. 基于事理图谱的网络舆情事件预测方法研究[J]. 情报理论与实践, 2020, 43(10): 165-170, 156.

[49] 张连峰, 周红磊, 王丹, 等. 超网络理论的微博舆情关键节点挖掘[J]. 情报学报, 2019, 38(12): 1286-1296.

[50] 郑步青, 邹红霞, 胡欣杰. 基于拐点的网络舆情预测研究[J]. 计算机科学, 2018, 45(S2): 539-541, 575.

[51] 孙冉, 安璐. 突发公共卫生事件中谣言识别研究[J]. 情报资料工作, 2021, 42(05): 42-49.

[52] ALKHODAIR S A, DING S, FUNG B, et al. Detecting breaking news rumors of emerging topics in social media[J]. Information Processing & Management, 2020.

[53] CHEN Y, YIN C, ZUO W . Multi-task Learning for Stance and Early Rumor Detection[J]. Optical Memory and Neural Networks, 2021, 30(2): 131-139.

[54] 夏一雪, 兰月新, 刘茉, 等. 大数据环境下网络舆情反转机理与预测研究. 情报杂志, 2018, 37(8): 92-96, 207

[55] 袁野, 兰月新, 张鹏, 等. 基于系统聚类的反转网络舆情分类及预测研究. 情报科学, 2017, 35(9): 54-60

[56] 李昊青, 兰月新, 侯晓娜, 等. 网络舆情管理的理论基础研究[J]. 现代情报, 2015, 35(05): 25-29, 40.

［57］常锐. 群体性事件的网络舆情及其治理模式与机制研究［D］. 长春: 吉林大学, 2012.

［58］温雅彬. 基于生命周期理论的高校突发事件网络舆情应对研究［J］. 新媒体研究, 2018（1）: 32-33.

［59］MARCHAND D A, HORTON, W. Infortrends: Profiting from your information resources［M］. New York: John Wiley & Sons, 1986.

［60］陈海汉, 陈婷. 突发事件网络舆情传播时段特征和政府预警模式研究［J］. 图书馆学研究, 2015（01）: 24-30.

［61］潘崇霞. 网络舆情演化的阶段分析［J］. 计算机与现代化, 2011（10）: 203-206.

［62］兰月新, 曾润喜. 突发事件网络舆情传播规律与预警阶段研究［J］. 情报杂志, 2013, 32（05）: 16-19.

［63］易承志. 群体性突发事件网络舆情的演变机制分析［J］. 中国社会公共安全研究报告, 2012, 30（1）: 6-12.

［64］张玥, 罗萍, 刘千里. 基于信息生命周期理论的网络舆情监测研究［J］. 情报科学, 2013, 31（11）: 22-25.

［65］刘毅. 网络舆情研究概论［M］. 天津: 天津人民出版社, 2007, 322-324.

［66］肖金克, 李国松. 高校突发事件网络舆情演化分析——以"武软寝室征用"事件为例［J］. 新闻研究导刊, 2020, 11（11）: 52-53.

［67］张维平. 关于突发公共事件和预警机制［J］. 兰州学刊, 2006（03）: 156-161.

［68］谢科范, 赵湜, 陈刚, 等. 网络舆情突发事件的生命周期原理及集群决策研究［J］. 武汉理工大学学报（社会科学版）, 2010, 23（04）: 482-486.

［69］张斌. 浅析当下媒介传播过程中的舆论"反转"——以庆安枪击事件为例［J］. 东南传播, 2015（10）: 87-89.

［70］韩立新, 霍江河. "蝴蝶效应"与网络舆论生成机制［J］. 当代传播, 2008（06）: 64-67.

［71］喻国明. 网络舆情热点事件的特征及统计分析［J］. 特别策划, 2010（11）:

24-26.

[72] NOELLE-NEUMANN E. The Spiral of Silence: Public Opinion—Our Social Skin[M]. Chicago: The University of Chicago Press（second edition）, 1993.

[73] JINGJUN BI, CHONGSHENG ZHANG. An empirical comparison on state-of-the-art multi-class imbalance learning algorithms and a new diversified ensemble learning scheme[J]. Knowledge-Based Systems, 2018.

[74] SEPPH, RGENS J. Long short term memory[J]. Neural computation, 1997, 9(8): 1735-1780.

[75] 张良均, 谭立云, 刘名军, 等. Python数据分析与挖掘实战（第2版）[M]. 北京: 机械工业出版社, 2019.

[76] 汤汇道. 社会网络分析法述评[J]. 学术界, 2009(03): 205-208.

[77] 杨立公, 朱俭, 汤世平. 文本情感分析综述[J]. 计算机应用, 2013, 33(6): 1574-1578.

[78] PANG B, LEE L, VAITHYANATHAN S, et al. Thumbs up: Sentiment classification using machine learning techniques[C] // Proceedings of the ACL-02 Conference on Empirical Methods in Natural Language Processing. Stroudsburg, PA: Association for Computational Linguistics, 2002: 79-86.

[79] BENGIO Y, DUCHARME R, VINCENT P, et al. A neural probabilistic language mode[J]. Journal of Machine Learning Ressarch, 2003, 3: 1137-1155.

[80] MIKOLOV T, SUTSKEVER I, KAI CHEN, et al. Distributed representations of words and phrases and their compositionality[C] //Proc of the 27th International Conference on Neural Information Processing Systems. USA: Curran Associates Inc. , 2013: 3111-3119

[81] 金占勇, 田亚鹏, 白莽. 基于长短时记忆网络的突发灾害事件网络舆情情

感识别研究,情报科学, 2019, 37(5): 142-154.

[82] 王子牛, 吴建华, 高建瓴, 等. 基于深度神经网络和LSTM的文本情感分析 [J]. 软件, 2018, 39(12): 18-22.

[83] 胡荣磊, 芮璐, 齐筱, 等. 基于循环神经网络和注意力模型的文本情感分析 [J]. 计算机应用研究, 2019, 36(11): 3282-3285.

[84] 谭荧, 张进, 夏立新. 社交媒体情境下的情感分析研究综述[J]. 数据分析 与知识发现, 2020, 4(1): 1-11.

[85] 肖金克, 李国松. 高校突发事件网络舆情演化分析——以"武软寝室征 用"事件为例[J]. 新闻研究导刊, 2020, 11(11): 52-53.

[86] 中国互联网络信息中心. 第45 次中国互联网络发展状况统计报告 [EB/ OL]. [2020-04-28]. http: //f. sinaimg. cn/tech/cbc3161f/20200428/45. pdf.

[87] 李茜茜. 后真相时代: 新话语空间下的舆论新生态[J]. 新闻论坛, 2018 (04): 80-83.

[88] 黎勇. 舆情反转: 一种反向的群体极化[J]. 青年记者, 2019(03): 42-44.

[89] 刘语潇, 杨丽萍. 新媒体时代新闻反转与舆情反转的关系机制研究——基 于三例反转新闻进行的研究[J]. 北方传媒研究, 2021(02): 61-67.

[90] 郑玮. 舆情反转现象的推动机制研究[D]. 哈尔滨: 黑龙江大学, 2020.

[91] 敖阳利. 传播学视阈下舆情反转事件研究[J]. 新闻研究导刊, 2015, 6 (23): 138-139.

[92] 胡文昭. 从"罗一笑事件"透视网络捐款事件中舆情反转的成因[J]. 新闻 研究导刊, 2017, 8(03): 271-272.

[93] 刘语潇, 杨丽萍. 新媒体时代新闻反转与舆情反转的关系机制研究——基 于三例反转新闻进行的研究[J]. 北方传媒研究, 2021(02): 61-67.

[94] 韩运荣. 舆论反转的成因及治理——通过新闻反转的对比分析[J]. 人民 论坛, 2019(30): 116-118.

[95] 阮紫玥. 新媒体网络舆情反转预测研究[D]. 武汉: 华中师范大学. 2019.

[96] 黄远, 刘怡君. 网络舆论反转效应研究[J]. 管理评论, 2016, 28(08): 71-

78.

[97] 王娜. 社交媒体时代舆情反转现象的传播特征研究——以"快递员丢芒果下跪事件"为例[J]. 新闻传播, 2019 (16): 30-32.

[98] 郑玮. 舆情反转现象的推动机制研究[D]. 哈尔滨: 黑龙江大学, 2020.

[99] 普莎. "后真相"时代舆情反转事件的成因及规制探析[J]. 西部广播电视, 2020 (05): 50-51.

[100] 孙好. 后真相时代舆情反转的成因探析[J]. 青年记者, 2018 (23): 18-19.

[101] 田俊静, 兰月新, 夏一雪, 等. 基于决策树方法的网络舆情反转识别与实证研究[J]. 情报杂志, 2019, 38 (08): 121-125, 171.

[102] 蒋叶莎. 后真相时代真相何以接近真实——基于成都七中实验学校食品安全事件的舆情分析[J]. 东南传播, 2019 (10): 91-93.

[103] 孙翠平. 网络舆情反转的传播及演化研究[D]. 广州: 华南理工大学, 2018.

[104] 骆正林, 温馨. 后真相时代"反转新闻"的传播机制及社会规治[J]. 传媒观察, 2019 (12): 5-13.

[105] 张丽, 朱侯, 万芳彬, 等. 考虑信息与组织氛围影响的网络舆论反转模拟[J]. 情报科学, 2018, 36 (05): 57-63.

[106] LIQUN CHENG, YANAN LIU. Research on public opinion reversal phenomenon of network mass events modelling and simulation[J]. International Journal of Wireless and Mobile Computing, 2021, 19 (4).

[107] ZHU H, HU B. Impact of information on public opinion reversal—An agent based model. Phys. A Stat. Mech. Appl. 2018, 512, 578–587.

[108] 江长斌, 邹悦琦, 王虎, 等. 基于SVM的自媒体舆情反转预测研究[J]. 情报科学, 2021, 39 (04): 47-53, 61.

[109] 夏一雪, 兰月新, 刘茉, 等. 大数据环境下网络舆情反转机理与预测研究[J]. 情报杂志, 2018, 37 (08): 92-96, 207.

[110] HUANG C, HU B, JIANG G, YANG R. Modeling of agent-based complex network under cyber-violence. Phys. A Stat. Mech. Appl. 2016,

458, 399–411.

[111] SCHMIDT A L, ZOLLO F, SCALA A, et al. Polarization of the vaccination debateon Facebook. Vaccine 2018, 36, 3606–3612.

[112] FLACHE A. About renegades and out group haters: Modeling the link between social influence and intergroup attitudes. Adv. Complex Syst. 2018, 21, 1850017.

[113] GALAM S, JACOBS F. The role of inflexible minorities in the breaking of democratic opinion dynamics [J]. Physica A Statistical Mechanics & Its Applications, 2007, 381 (1): 366-376.

[114] ZHU H, HU B. Impact of information on public opinion reversal—An agent based model. Phys. A Stat. Mech. Appl. 2018, 512, 578–587.

[115] XIE J, SREENIVASAN S, KORNISS G, et al. Social consensus through the influence of committed minorities [J]. Physical Review E, 2011, 84 (1): 011130.

[116] GALAM S. The dynamics of minority opinions in democratic debate [J]. Physica A Statistical Mechanics & Its Applications, 2004, 336 (1-2): 56-62.

[117] LEWANDOWSKY S, PILDITCH T D, MADSEN J K, et al. Influence and seepage: An evidence-resistant minority can affect public opinion and scientific belief formation. Cognition 2019, 188, 124–139.

[118] 金真婷. 互联网时代下舆情反转现象的成因——以 "河南高考调包案" 为例 [J]. 新闻研究导刊, 2019, 10 (24): 60-61.

[119] 高红阳, 闫心池, 王珊. 反转新闻成因与治理路径探析——以广州教师涉嫌体罚学生舆情为例 [J]. 今传媒, 2021, 29 (09): 71-74.

[120] 田世海, 孙美琪, 张家毓. 基于贝叶斯网络的自媒体舆情反转预测 [J]. 情报理论与实践, 2019, 42 (02): 127-133.

[121] 王英杰, 胡漠, 张津赫, 等. 信息疫情下短视频网络舆情预警指标体系构建研究 [J]. 情报科学, 2021, 39 (11): 38-44.

[122] 安璐, 易兴悦, 孙冉. 恐怖事件情境下微博影响力的预测及演化[J]. 图书情报知识, 2019(04): 52-61, 81.

[123] 周小雯, 刘永昶. 整体性治理视阈下舆情风险评估"四维"指标体系建构[J]. 传媒观察, 2021(11): 50-57.

[124] 王璐瑶. 网络舆情博弈中的舆情反转研究——以"王凤雅事件"为例[J]. 新闻前哨, 2019(04): 43.

[125] 金林, 毛浩. 农民工社会角色的媒体框架构建[J]. 中国青年研究, 2008(11): 54-57.

[126] 郝永华, 芦何秋. 风险事件的框架竞争与意义建构——基于"毒胶囊事件"新浪微博数据的研究[J]. 新闻与传播研究, 2014, 21(03): 20-33, 126.

[127] 王正祥. 反转新闻的"病理"特征与角色失范探讨——基于51个反转新闻样本的统计分析[J]. 天水师范学院学报, 2016, 36(06): 95-100.

[128] 杨峥嵘. 后真相时代下的舆情反转和传媒自律[J]. 传播力研究, 2019, 3(20): 37, 39.

[129] JUD C M, PARK B. Definition and Assessment of Accuracy in Social Stereotypes[J]. Psychological Review, 1993, 100(1): 109-128.

[130] 董方玉. 民间引爆网络事件的舆情特点——以"北电性侵事件"为例[J]. 新闻传播, 2018(21): 45-48.

[131] STONER, FINCH J A. A Comparison of Individual and Group Decisions Involving Risk[D]. Cambridge: University of Cambridge, 1961.

[132] 刘茜. 网络群体极化现象定量研究——基于新浪微博的个案分析[D]. 北京: 清华大学, 2011.

[133] 麦克斯韦尔. 麦考姆斯, 郭镇之, 邓理峰. 议程设置理论概览: 过去, 现在与未来[J]. 新闻大学, 2007(03): 55-67.

[134] 谭艳霞, 化存才. 网络舆情反转问题的模糊聚类分析[J]. 云南大学学报(自然科学版), 2019, 41(S1): 16-20.

[135] 毕宏音, 田华. 舆情"类反转"现象分析与反思——以"万州公交车坠江

事件"为例[J]. 情报杂志, 2019, 38 (07): 103-110.

[136] JUDD C M, PARK B. Definition and Assessment of Accuracy in Social Stereotypes [J]. Psychological Review, 1993, 100 (1): 109-128.

[137] 赵静娴. 次生舆情及其监管对策研究[J]. 新闻传播, 2016 (9): 4, 6.

[138] 朱承璋, 陈伊乐, 肖亚龙. 突发公共事件中网络舆情的传播机理与治理策略——基于生命周期的视角[J]. 井冈山大学学报(社会科学版), 2021, 42 (05): 99-106.

[139] 敖然. 新时代舆情治理应急体系建设的机制探索[J]. 新闻战线, 2018 (10): 28-29.

[140] 安璐, 陈苗苗, 李纲. 社交媒体环境下突发事件严重性评估和预警机制研究[J]. 图书情报工作, 2021, 65 (05): 98-109.

[141] 安璐, 李倩. 基于热点主题识别的突发事件次生衍生事件探测[J]. 情报资料工作, 2020, 41 (06): 26-35.

[142] 马璇, 焦宝. 后真相时代次生舆情的成因及其应对[J]. 中州学刊, 2019 (12): 167-172.

[143] 张旭昱. 新媒体时代次生舆情的成因、危害及对策[J]. 传媒论坛, 2020, 3 (07): 156-159.

[144] 陆文涛. 基于危机生命周期理论的网络舆情研究——以"哈尔滨男子与的哥争执病发身亡"为例[J]. 阴山学刊, 2019, 32 (06): 100-105.

[145] 展菲菲. 协同治理视角下网络暴力治理研究[D]. 曲阜: 曲阜师范大学, 2019.

[146] YUBO H, TONGLIN J, QI W. Socioeconomic status and online shaming: The mediating role of belief in a just world [J]. Computers in Human Behavior, 2017, 76.

[147] SIRRI A, ADEM P, YÜKSEL E. Cross-Gender Equivalence of Cyber Bullying and Victimization [J]. Participatory Educational Research, 2015, (8): 59-69.

[148] AARTI T. Cyber-Bullying: victimization of adolescent girls [J].

International Journal Of Research In Computer Application & Management, 2016, (6): 17-19.

[149] TUNCAY A, METIN D. Predicting the exposure levels of cyber bullying of elementary students with regard to psychological symptoms [J]. Procedia - Social and Behavioral Sciences, 2014, (116): 4910-4913.

[150] ETHAN M. HUFFMAN. Call-out culture: How online shaming affects social media participation in young adults [J]. 2016 (5).

[151] MARTÍNEZ-M, DELGADO B, DÍAZ H, et al. Relationship between suicidal thinking, anxiety, depression and stress in university students who are victims of cyberbullying. [J]. Psychiatry research, 2020, 286.

[152] KHINE A, SAW Y, HTUT Z, et al. Assessing risk factors and impact of cyberbullying victimization among university students in Myanmar: A cross-sectional study [J]. PloS one, 2020, 15 (1).

[153] GALLARDO, KRISTINE L. "Taming the internet pitchfork mob: Online public shaming, the viral media age, and the communications decency act" [J]. Vanderbilt journal of entertainment and technology law, 2019 (3): 721.

[154] 学术点滴, 文献计量. COOC一款用于文献计量和知识图谱绘制的新软件 [EB/OL]. (2020-01-12) [2020-08-16]. https: //mp. weixin. qq. com/ s/8RoKPLN6b1M5_jCk1J8UVg.

[155] 张晓, 陈昕雨. 论"网络暴力"致人自杀死亡的刑事责任成立的正当性 [J]. 法制与社会, 2021 (09): 25-26.

[156] 邢媛. 新媒体环境下高职院校学生防范网络暴力的法律探讨 [J]. 法制博览, 2021 (06): 42-43.

[157] 王丽菲. 法理学视域下的网络群体行为思考 [J]. 法制与社会, 2021 (05): 31-32.

[158] 钟莹, 王洪涛. 积极刑法观下网络语言暴力行为的治理路径 [J]. 黑龙江省政法管理干部学院学报, 2021 (01): 43-47.

[159] 张微. 网络暴力的传播研究——以8月25日德阳女医生自杀为例 [J]. 新媒体研究, 2019, 5 (04): 20-22.

[160] 李华君, 曾留馨, 滕姗姗. 网络暴力的发展研究: 内涵类型、现状特征与治理对策——基于2012-2016年30起典型网络暴力事件分析 [J]. 情报杂志, 2017, 36 (09): 139-145.

[161] 王蓉, 熊杰, 刘彩云. 网络暴力数据分析——以雪莉自杀事件为例 [J]. 电脑知识与技术, 2020, 16 (05): 16-18.

[162] 廖芷蘅. 传播学视阈下网络暴力的对策探究——以陈赫离婚引发的网络暴力事件为例 [J]. 品牌, 2015 (04): 32.

[163] 谢心雨. 浅论伤医事件中群体极化的特征与缓解策略 [J]. 新闻前哨, 2020 (07): 112-115.

[164] 岳江宁. 新媒体背景下网络暴力现象研究 [J]. 新闻研究导刊, 2020, 11 (05): 94, 96.

[165] 杨荣智. "后真相时代" 网络暴力的成因及解决对策 [J]. 视听, 2019 (12): 184-185.

[166] 何文博. 浅析网络暴力成因——基于拉斯韦尔 "5W" 传播模式 [J]. 新闻研究导刊, 2020, 11 (07): 225-226, 253.

[167] 夏睿, 何鹏. 西部大学生参与网络暴力事件影响因素的实证研究——以甘肃省高校为例 [J]. 天水师范学院学报, 2015, 35 (06): 53-58.

[168] 武琪荣. 网络暴力行为影响因素研究 [D]. 南昌: 江西财经大学, 2019.

[169] 强澜. 基于社交网络的暴力语言检测研究 [D]. 太原: 中北大学, 2020.

[170] 黄瑞. 网络暴力语言检测系统的实现 [D]. 武汉: 华中科技大学, 2016.

[171] 杨海蛟, 程竹. 国家治理现代化丛论 [M]. 上海: 上海人民出版社, 2017: 5.

[172] 陈攀. 重庆公交车坠江案网络舆情反转研究 [D]. 南宁: 广西大学, 2019.

[173] 李云亮. 网络谣言与舆论反转 [J]. 电视指南, 2017 (11): 222.

[174] 程曼丽. 网络谣言的生成、传播机制分析 [J]. 新闻与写作, 2013 (10): 91-92.

[175] 刘绩宏, 柯惠新. 道德心理的舆论张力: 网络谣言向网络暴力的演化模式

及其影响因素研究[J].国际新闻界,2018,40(07):37-61

[176]高歌,张艺炜,黄微.多媒体网络舆情演进机理研究[J].图书情报工作,2015,59(21):6-14.

[177]GREENE J. From neural is to moral ought: what are the moral implications of neuro scientific moral psychology?Nature Reviews Neuroscience, 2003, 4, 847-850.

[178]GREENE J, HAIDT J. How (where)does moral judgment work?Trends in Cognitive Science, 2002, 6(12), 517–523.

[179]BANDURA A, BARBARA C, CAPRARA G, et al. Mechanisms of moral disengagement in the exercise of moral agency. Journal of Personality and Social Psychology, 1996, (2), 71.

[180]金真婷.互联网时代下舆情反转现象的成因——以"河南高考调包案"为例[J].新闻研究导刊,2019,10(24):60-61.

[181]王国华,闵晨,钟声扬,王雅蕾,王戈.议程设置理论视域下热点事件网民舆论"反转"现象研究——基于"成都女司机变道遭殴打"事件的内容分析[J].情报杂志,2015,34(09):111-117.

[182]王晰巍.专题研究:社交媒体环境下网络谣言治理研究[J].情报资料工作,2020,41(02):38.

[183]刘泾.网络舆论生态视域中的谣言治理研究[J].情报科学,2014,32(05):42-46.

[184]第七届中国网络视听大会"5G时代的政务传播——视听新媒体发展论坛,政务短视频发展研究报告[EB/OL].[2019-05-29].http://media. people. com. cn/n1/2019/0529/c14677-31109068-2. html.

[185]唐晓波,李诗轩,谭明亮,等.国内外政务社交媒体研究评述及展望[J].现代情报,2020,40(1):159-166.

[186]杨长春,王睿.基于H指数的政务微博影响力研究[J].现代情报,2018,38(3):110-123.

[187]赵阿敏,曹桂全.政务微博影响力评价与比较实证研究——基于因子分

析和聚类分析[J]. 情报杂志, 2014, 33（3）: 108-112.

[188]荣毅虹, 刘乐, 徐尔玉. 面向"互联网+"的政务微博变革策略——基于北上广深政府官微的效用评估[J]. 电子政务, 2016, 8: 53-63.

[189]张晓娟, 刘亚茹, 邓福成. 基于用户满意度的政务微信服务质量评价模型及其实证研究[J]. 图书与情报, 2017（02）: 41-47; 83.

[190]杨峰, 史琦, 姚乐野. 基于用户主体认知的政府社交媒体信息质量评价——政务微博的考察[J]. 情报杂志, 2015, 34（12）: 181-185.

[191]朱晓峰, 程琳, 陆敬筠, 等. 微政务信息公开信号博弈研究——基于转移支付的视角[J]. 情报理论与实践, 2017, 40（12）: 107-111.

[192]王国华, 魏程瑞, 杨腾飞, 等. 突发事件中政务微博的网络舆论危机应对研究——以上海踩踏事件中的@上海发布为例[J]. 情报杂志, 2015, 34（4）: 66-70.

[193]陈世英, 黄宸, 陈强, 等. 突发事件中地方政务微博群信息发布策略研究——以"8·12"天津港特大火灾爆炸事故为例[J]. 情报杂志, 2016, 35（12）: 29-33.

[194]唐梦斐, 王建成. 突发事件中政务微博辟谣效果研究——基于"上海外滩踩踏事件"的案例分析[J]. 情报杂志, 2015, 34（8）: 99-103.

[195]姜景, 王文韬. 面向突发公共事件舆情的政务抖音研究——兼与政务微博的比较[J]. 情报杂志, 2020, 39（1）: 100-106, 114.

[196]章震, 尹子伊. 政务抖音号的情感传播研究——以13家中央级单位政务抖音号为例[J]. 新闻界, 2019（09）: 61-69.

[197]田千金, 余光辉, 姜磊. 中泰垃圾焚烧厂事件网络舆情演化研究[J]. 情报探索, 2018, 8: 33-36.

[198]袁光锋. 公共舆论中的"情感"政治: 一个分析框架[J]. 南京社会科学, 2018（02）: 105-111.

[199]政务风云榜. 2019年政务微博影响力报告[EB/OL]. [2020-01-17]. http://yuqing.people.com.cn/n1/2020/0117/c209043-31553643.html.

[200]苏剑林. 文本情感分类（三）: 分词or不分词 [EB/OL]. [2016-06-29].

https: //kexue. fm/archives/3863.

[201]洋葱智库,卡思数据. 抖音政务账号分析报告[EB/OL]. [2018-06].
https: //www. useit. com. cn/thread-20984-1-1. html

[202]赵泽红. 移动短视频传播内容分析及思考[J]. 新媒体研究, 2018, 4
（22）: 151-152.

[203]第七届中国网络视听大会"5G 时代的政务传播—视听新媒体发展论
坛, 政务短视频发展研究报告[EB/OL]. [2019-05-29]. http: //media.
people. com. cn/n1/2019/0529/c14677-31109068-2. html.

[204]郑瀚迅. 社交媒体中新闻传播的泛娱乐化趋势研究[D]. 长春: 吉林大
学, 2016.

[205]姜景, 王文韬. 面向突发公共事件舆情的政务抖音研究[J]. 情报杂志,
2020, 39（1）: 100-106, 114.

[206]尼尔·波兹曼（美）. 娱乐至死[M]. 桂林: 广西师范大学出版社, 2004:
4, 201.

[207]吕春丽. 泛娱乐化时代下的网民"狂欢"——以微信"抢红包"现象为例
进行分析[J]. 传媒论坛, 2020, 3（10）: 162-164.

[208]大众媒体泛娱乐化及其影响[J]. 中国报业, 2020（08）: 40-41.

[209]钱益. 持续的"娱乐至死"——"泛娱乐化"的反思[J]. 宿州学院学报,
2014, 29（01）: 42-45.

[210]刘洋. 政务微博的"萌化"思考及尺度把握[J]. 青年记者, 2018（06）:
76-77.

[211]王绪波, 张乾清. 政务新媒体传播泛娱乐化倾向及应对策略分析[J]. 新
媒体研究, 2017, 3（07）: 22-23.

[212]陈聪. 新媒体语境下政务微博的娱乐化与利弊分析[J]. 新媒体研究,
2018, 4（11）: 44-45.

[213]沈霄, 王国华, 季楚玮. 政务微博"蹭热点"现象研究[J]. 情报杂志,
2019, 38（03）: 108-113.

[214]李明德, 张园. 政务短视频内容生态的评价维度与优化策略[J]. 电子政

务，2019（10）：23-32.

［215］秦川. 新型新闻传播方式——短视频的发展分析［J］. 记者摇篮，2020
（02）：84-87.

［216］赵雯. 政务新媒体的短视频传播分析［J］. 传媒，2019（05）：25-27.